DE L'EXISTENCE

DE COURANTS INTERSTITIELS

DANS LE SOL ARABLE.

Les notes comprises entre des crochets [x] sont à la fin de l'opuscule.

IMPRIMERIE DE BALARAC JEUNE,
Rue du Temple, 7.

DE L'EXISTENCE

DE

COURANTS INTERSTITIELS

DANS LE SOL ARABLE,

ET

DE L'INFLUENCE QU'ILS EXERCENT SUR L'AGRICULTURE;

Avec des considérations sur la théorie des jachères et des rotations, sur le sol des landes et sur celui des déserts de l'Afrique, sur la formation de plusieurs substances minérales, et sur l'ordre d'apparition successive des végétaux à la surface du globe terrestre;

Par A. Baudrimont,

Professeur de Chimie à la Faculté des Sciences de Bordeaux, Agrégé libre de la Faculté de Médecine de Paris, de l'Académie des Sciences, Belles-Lettres et Arts de Bordeaux, Membre correspondant des Sociétés académiques de Lille, Nantes, Valenciennes, Napoléon-Vendée, Sarragosse, etc.

BORDEAUX,

P. CHAUMAS, LIBRAIRE-ÉDITEUR,

54, Fossés du Chapeau-Rouge.

1852.

DE L'EXISTENCE
DE COURANTS INTERSTITIELS
DANS LE SOL ARABLE,
ET DE L'INFLUENCE QU'ILS EXERCENT SUR L'AGRICULTURE.

PREMIÈRE PARTIE.

Il y a déjà plusieurs années que l'examen attentif des phénomènes de la végétation m'a conduit à penser qu'il devait exister dans le sol des courants de liquides qui, venant d'une certaine profondeur, s'élèveraient vers sa surface et pourraient lui apporter ainsi d'une manière continue des produits qui en modifieraient sans cesse la composition et permettraient d'expliquer plusieurs pratiques agricoles dont la théorie est demeurée imparfaite jusqu'à ce jour.

J'ai fait quelques recherches dans l'intention de voir si ce sujet n'aurait pas déjà été traité à une époque plus ou moins rapprochée de nous. J'ai ainsi trouvé qu'il y a plus d'un siècle qu'Hales et Miller ont entrepris des expériences ayant pour but de démontrer l'existence de ces courants dans le sol et dans les végétaux ; mais ces savants ne connaissaient pas alors toute l'importance du rôle que les matières minérales jouent dans l'édification végétale, et ils les ont faites à un autre point de vue que celui qui m'avait conduit à faire les mêmes observations.

L'existence des courants ascendants, capillaires ou interstitiels du sol est une chose si simple, si naturelle, qui paraît tellement indispensable à la végétation, que l'on demeure étonné que les savants agronomes de notre époque n'y aient point songé et qu'ils n'aient point été conduits à y rechercher la cause d'une foule de phénomènes physiologiques et agronomiques du plus haut intérêt. On verra, en continuant la lecture de cet opuscule, qu'ils sont une des causes principales de l'amélioration des jachères ; qu'ils entrent pour une part considérable dans les causes déterminantes des rotations ; qu'ils n'existent ni dans le sol des landes, ni dans celui des déserts de l'Afrique, et que cette absence est la cause de la stérilité de ces terrains ; que c'est par eux que prennent naissance plusieurs espèces minérales, telles que le calcaire des stalactites, les pétrifications siliceuses, les efflorences salines, et qu'ils doivent enfin avoir quelque liaison intime avec l'ordre de l'apparition successive des végétaux à la surface du globe que nous habitons.

C'est au point de vue de ces diverses observations qu'il va être question des courants capillaires ou interstitiels du sol ; toutefois, avant de passer aux applications, il importe d'examiner : 1° s'il y a réellement des courants capillaires dans le sol ; 2° quelle peut être leur origine ; 3° quelles sont les matières qui les composent ; et 4° enfin, quel est le rôle physiologique qu'ils remplissent à l'égard des végétaux.

DE L'EXISTENCE DE COURANTS INTERSTITIELS DANS LES COUCHES CORTICALES DU GLOBE.

Le mouvement de la sève dans les végétaux, l'accroissement de ces derniers, leur mode de nutrition, les matières minérales qu'ils contiennent et qu'ils prennent à la terre, l'exhalation qui a lieu à leur surface indiquent, à n'en pas douter, qu'il existe dans le sol des courants qui apportent à leurs racines les fluides nécessaires à l'accomplissement de tous ces phénomènes, fluides qui se renouvellent sans cesse, afin de remplacer ceux qui sont répandus dans l'atmosphère sous forme de vapeurs.

Le sol est poreux.

Non seulement les végétaux déterminent des courants dans le sol; mais ces courants peuvent exister sans être déterminés par les végétaux. C'est ce qu'il convient d'examiner maintenant.

Le sol arable est perméable aux liquides. Toutes les matières arénacées, le grès à bâtir, les divers calcaires amorphes des terrains stratifiés en général, les schistes dans le sens de leurs feuillets, les gneiss, les granites même sont dans ce cas.

Les argiles, quoique moins perméables que les matières arénacées, le sont cependant aussi. Cela est prouvé d'une manière évidente par la construction de quelques-unes des piles électriques imaginées par M. Becquerel. La plupart de ces piles doivent l'électricité qu'elles développent à la réaction d'un acide dilué et d'une base alcaline dissoute dans l'eau, *qui sont séparés par un tampon d'argile* : c'est parce que l'acide et l'alcali peuvent se rejoindre malgré l'obstacle qui leur est offert par l'argile, qu'un courant électrique s'établit. D'ailleurs, les argiles desséchées peuvent absorber une quantité considérable d'eau, et cela démontre leur porosité d'une manière suffisante.

Il suffit qu'une cause quelconque mette le liquide en mouvement pour donner naissance à un courant. Toutefois, les argiles et d'autres roches peu perméables ou tout-à-fait imperméables jouent un rôle particulier qui sera indiqué ultérieurement.

Les eaux qui filtrent au travers des terres quand le niveau des rivières s'élève et qui vont remplir des bassins qui n'ont aucune communication directe avec ces dernières ; les marais permanents qui existent dans les bas-fonds ; l'humidité des prairies, qui demeure constante quoiqu'elle s'évapore continuellement ; les sources qui, comme celle de l'Escaut, amènent leurs eaux à la surface du sol au travers d'un sable fin ; les grottes ; les souterrains où de l'eau tombe constamment sous forme de gouttes : tous ces faits démontrent la perméabilité des principaux éléments constitutifs de la périphérie de la terre.

Le sol est généralement humide.

Il ne suffit point que le sol soit poreux, il faut encore qu'il soit imprégné de liquide, et que ce liquide s'y meuve dans les espaces capillaires dont il est pénétré en tous sens.

La présence de l'eau dans le sol est une chose évidente. Partout où l'on creuse la terre on s'aperçoit qu'elle est humide ; il n'y a que les roches imperméables et les sables arides des landes et des déserts qui soient secs à leur surface.

La connaissance de l'humidité aqueuse du sol et des courants qui le traversent n'est pas nouvelle. Ainsi que je l'ai dit, elle a été l'objet de nombreuses recherches de la part de divers savants, et notamment de Hales, si connu par sa *Statique des Végétaux*, et de de La Hire.

Hales (1) « afin de voir combien la terre contient d'hu-

---

(1) La *Statique des Végétaux*. Traduction de Buffon, in-4°, 1735, p. 44.

» midité, et *pour juger les réservoirs de la nature contre les* » *sécheresses et les provisions qu'elle a mises dans le sein de la* » *terre pour fournir à la grande dépense qu'elle est obligée de* » *faire pour la production et l'entretien des végétaux* », le 31 juillet 1734, enleva un pied cubique de terre dans une allée où l'on marchait peu : il pesait 104 livres 4 onces un tiers (mesures anglaises, onces de seize à la livre); il enleva dans le même temps un autre pied cubique de terre au dessous du premier : il pesait 106 livres 6 onces un tiers; il en enleva aussi un troisième au dessous des deux premiers : il pesait 111 livres un tiers. Jusqu'à cette profondeur de trois pieds, c'était de la bonne terre à brique; au dessous était une couche de gravier dans laquelle, à deux pieds de profondeur, c'est-à-dire, à cinq pieds au dessous du niveau supérieur du sol, les sources coulaient.

Par la dessication, le premier pied cubique perdit 6 livres 11 onces, ou 194 pouces cubiques d'eau : environ la huitième partie de son volume; le second perdit 10 livres, par une dessication plus complète; le troisième enfin perdit 8 livres 8 onces, ou 247 pouces cubiques d'eau, c'est-à-dire, un septième de son volume.

L'humidité qui imprègne le sol est donc une chose évidente, que l'on voit et que l'on pèse.

D'où vient l'humidité qui imprègne le sol?

L'humidité qui imprègne le sol a la même origine que celle qui alimente les sources en général, les torrents et les nappes d'eau souterrains.

Il a été démontré que cette origine est dans le grand phénomène de la distillation perpétuelle, qui s'opère de manière à transporter les eaux des mers sur les continents, en les faisant passer d'abord à l'état de vapeur élastique, puis de vapeur vésiculaire, et enfin d'eau liquide ou solide, que nous connaissons sous les noms de pluie de neige, de groisil, de grêle, etc.

Ces eaux, soit qu'elles proviennent de la pluie, de la fonte des neiges ou de celle des glaciers, s'engouffrent dans les ouvertures béantes qu'elles peuvent rencontrer, ou bien s'infiltrent dans le sol. Dans ce dernier cas, l'action marche fort lentement; mais comme elle dure depuis l'origine des pluies et des terrains perméables, elle a pu atteindre de grandes profondeurs.

Entraînées par l'action de la pesanteur, les eaux qui imprègnent le sol s'accumulent sur la première couche imperméable qu'elles rencontrent et forment ainsi une nappe d'eau.

Si l'on perce un puits dans le sol, cette eau, filtrant au travers des couches perméables qui le forment, s'accumule dans la cavité que l'on a pratiquée et alimente ce puits.

On sait d'ailleurs que l'on peut tarir le puits en lui enlevant de l'eau et qu'il faut un certain temps pour qu'il se remplisse : le temps nécessaire à la filtration de l'eau. Il n'y a d'exception que pour les puits alimentés par des sources ou des ouvertures béantes.

Les eaux s'infiltrent dans le sol, non seulement de haut en bas, mais aussi par des pressions latérales : lorsque l'on perce un trou dans le voisinage d'une rivière ou d'un cours d'eau quelconque, si la configuration du sol et des couches imperméables ne s'y oppose pas, le trou se remplit d'eau et le niveau de cette eau atteint celui du cours d'eau.

Ces deux observations démontrant que les eaux éprouvent dans le sol une espèce de diffusion, on comprendra facilement comment celle qui est élevée par les actions capillaires et évaporée à la surface du sol se trouve remplacée par les courants déterminés par des pressions latérales.

Lorsqu'il tombe de la pluie ou de la neige, ces courants cessent de se produire ; mais ils reprennent leur activité aussitôt que l'évaporation peut reprendre son cours.

Les cours d'eau, par l'eau d'infiltration qu'ils abandonnent au sol, portent la fertilité jusqu'à une très grande distance.

Les nappes d'eau souterraines qui existent au dessous des couches imperméables peuvent aussi alimenter les courants interstitiels du sol. Non seulement elles peuvent rencontrer des anfractuosités par lesquelles elles se répandent dans les terrains qui leur sont supérieurs; mais lorsqu'elles affleurent sous un sol perméable, elles lui donnent de l'eau en abondance et peuvent même l'inonder ou faire naître des sources presque intarissables.

L'origine de ces nappes d'eau souterraines a été savamment démontrée par M. Arago dans l'*Annuaire du Bureau des Longitudes pour l'année* 1835, et il serait plus que superflu d'y ajouter le moindre argument.

L'eau qui tombe sur le sol, sous telle forme que ce soit, se divise en plusieurs parties.

A cet égard, voici comment s'exprime M. Arago (annuaire cité, p. 198) : « Le volume d'eau qui passe annuel-
» lement sous les ponts de Paris n'est guère que le tiers de
» celui qui tombe en pluie dans le bassin de la Seine. Deux
» tiers de cette pluie, ou retournent à l'atmosphère par
» voie d'évaporation, *ou entretiennent la végétation et la vie*
» *des animaux*, ou s'écoulent dans la mer par des commu-
» nications souterraines » [a].

L'eau qui sert à l'alimentation des plantes n'est pas toujours celle qui vient de tomber immédiatement sous forme de pluie.

La pluie, en général, et surtout dans les temps secs, ne pénètre le sol qu'à une faible profondeur, et elle s'évapore rapidement. C'est surtout celle qui tombe en hiver et dans les saisons humides qui peut alimenter les nappes d'eau souterraines et qui est utilisée dans cette circonstance. En Egypte, il pleut fort rarement : le sol, recouvert par le limon du Nil, abandonne difficilement l'humidité qu'il recèle et les plantes sont alimentées par les courants interstitiels du sol. En Aragon il ne pleut guère plus qu'en Egypte : cette province de l'Espagne, quoique située entre deux mers, est abritée par un circuit de hautes montagnes, représentées au nord par les Pyrénées. Les habitants de cette contrée attendent les pluies d'octobre avec anxiété, et s'il ne pleut pas pour faire germer le froment, ils ont à redouter une disette assurée. L'eau qui s'infiltre dans le sol par les parties les plus absorbantes rencontre sans doute une couche imperméable et revient lentement à la surface du sol par un mouvement ascensionnel.

La Hire, voulant savoir si l'eau qui s'infiltre dans le sol peut aller rejoindre les bancs d'argile pour alimenter les sources, fit enterrer un bassin en plomb dont le fond était incliné vers un angle où l'on avait soudé un tube qui, par sa partie inférieure, s'ouvrait dans une cave. L'eau de la pluie ne coula jamais par le tube inférieur. Cependant, de la neige étant tombée sur la partie du sol qui recouvrait le bassin, il s'écoula de l'eau par le tube afférent dans la cave lorsque cette neige fondit, et ensuite, il s'en écoula de nouveau toutes les fois que la pluie était un peu considérable. Dans cette dernière expérience, le fond du bassin n'était qu'à huit pouces de la surface du sol, et cette observation vient confirmer ce qui a été dit précédemment, que l'eau des pluies, même des averses considérables, ne pénètre que très peu dans le sol.

Voici d'ailleurs plusieurs observations à l'appui de cette assertion, recueillies par M. Arago et reproduites textuellement (1) :

« Sénèque rapporte dans ses questions naturelles, que la » pluie, quelque abondante qu'elle soit, ne pénètre jamais » dans la terre à plus de trois mètres un quart (10 pieds) de » profondeur. Il dit s'en être assuré par des fouilles faites » avec soin..... D'après les expériences de la plupart des » physiciens modernes qui se sont occupés de ce genre de » recherches, la perméabilité des terres serait encore inf- » rieure à la limite posée par Sénèque.

» Ainsi Mariotte — admet que les *terres labourées* ne se » laissent pénétrer par les plus fortes pluies d'été que de » seize centimètres (6 pouces).....

» Ainsi Buffon ayant examiné dans un jardin, un » tas de terre de trois mètres de haut qui était resté in- » tact depuis plusieurs années, reconnut que la pluie n'y » avait jamais pénétré au delà de 1 mètre 30 centimètres » (4 pieds) de profondeur. »

A ces observations on peut ajouter celle vraiment intéressante du major Denham, qui est allé dans l'intérieur de l'Afrique jusqu'au dixième degré de latitude nord. Cet intrépide voyageur rapporte que les chouaas du pays enterrent leurs vêtements dans le sable sec du désert, lorsqu'ils prévoient un grand orage, et que, quoique ces vêtements ne soient guère qu'à trois pouces au dessous de la surface supérieure du sol, ils les en retirent secs après la pluie, quelque violente qu'elle ait été.

---

(1) *Annuaire du Bureau des Longitudes*, pour l'an 1835, p. 189.

Encore une citation : Le sol des landes situées au sud de Bordeaux, quoique très perméable, puisqu'il est principalement formé d'un sable siliceux à grains grossiers, repose immédiatement sur un sous-sol imperméable ; cela fait que les eaux de pluie ne peuvent le pénétrer qu'à une faible profondeur et séjournent à sa surface pendant un temps assez long dans les bas-fonds et sur les plaines horizontales.

Un des principaux agronomes de Bordeaux, M. Fieffé, a profité de cette condition du sol pour arroser ses terres à volonté. Par d'habiles dispositions, il retient les eaux sur les niveaux supérieurs et les distribue lentement et à mesure des besoins aux niveaux inférieurs. Quoiqu'il pleuve beaucoup dans cette localité, les eaux recueillies ne peuvent servir pour arroser les prairies que jusqu'à la première coupe du foin (1). Passé cette époque, elle manque totalement, et les coupes de regain souffrent beaucoup. Cette observation démontre donc, comme toutes les autres d'ailleurs, que l'eau des pluies qui séjourne sur le sol ou le pénètre, même dans les lieux où il en tombe beaucoup, est insuffisante pour entretenir la vie des végétaux dans le lieu même de sa chute, et qu'une partie de l'eau qui est entraînée dans les espaces souterrains doit revenir à la surface du sol pour accomplir les phénomènes de la végétation.

Il semblerait même, d'après les observations précédentes, que la totalité de l'eau de pluie serait insuffisante pour alimenter la végétation et l'évaporation qui se fait incessamment à la surface du sol. N'est-il pas possible que cette

(1) D'après les observations faites à la Faculté des Sciences, par M. Abria, il tombe à Bordeaux 83 centimètres d'eau par année moyenne, tandis qu'il n'en tombe que 53 à Paris et à Londres.

eau provienne en partie des eaux courantes qui en abandonnent par la perméabilité de leur lit, et qu'une autre partie vienne quelquefois de fort loin, et que, comme les principaux fleuves de l'Europe, elle ait pour origine l'eau de fusion des glaciers ?

Si l'eau des pluies ne peut suffire à la végétation, dans le lieu même de sa chute, il est remarquable qu'une foule de plantes peuvent s'en passer. En effet, il y a de très gros arbres sous lesquels il ne peut pleuvoir que lorsque leurs feuilles sont tombées et que la circulation de la sève est suspendue. A l'époque de la végétation la plus active ils ne peuvent donc être alimentés que par de l'eau qui leur vient des parties inférieures du sol ou de bas en haut. Il est même, ainsi que cela a déjà été dit, des arbres entourés de terre battue, comme beaucoup de ceux des Tuileries par exemple, dont les racines ne sont jamais atteintes directement, ni par les eaux des pluies, ni même par les neiges fondues. Cependant, à l'époque de la végétation, ces mêmes arbres sont protégés par leur propre ombrage, qui s'oppose à une trop grande évaporation de l'eau contenue dans le sol, et ils sont bien évidemment alimentés par des eaux souterraines.

En résumant les observations précédentes, on trouve que le sol arable est perméable et que l'eau le pénètre avec une vitesse variable, selon qu'il est sec, déjà humide ou que l'eau ne fait que tomber à sa surface, comme dans les orages, ou qu'elle y séjourne pendant un temps plus ou moins considérable.

Il ne faut point s'étonner de ce que les eaux des orages ne peuvent pénétrer le sol que jusqu'à une faible profondeur ; car, en réalité, elles ne représentent qu'une couche de quelques centimètres d'eau qui est bientôt absorbée par un sol sec, mais qui ne peut en mouiller qu'une certaine épaisseur fort limitée, parce qu'elle est retenue dans les interstices de ce dernier par la force capillaire.

Les observations de Sénèque et de Buffon ne prouvent pas non plus que l'absorption ne puisse se faire avec plus de rapidité qu'elles ne sembleraient l'indiquer; car pour apprécier convenablement les résultats observés par ces savants, il faudrait savoir au moins si l'eau pouvait séjourner à la surface des terres dont ils parlent; car si elle s'écoulait à mesure qu'elle tombait sur elles, il est évident qu'elle ne pouvait pas produire un grand effet.

L'observation des puits qui se remplissent en assez peu de temps après avoir été vidés, de l'eau des fleuves, des rivières et des cours d'eau quelconques qui s'infiltrent au travers des matières poreuses qui les encaissent, sont des preuves évidentes que la circulation de l'eau interstitielle du sol se fait encore avec une certaine facilité.

Pour juger avec quelle vitesse le sol arénacé siliceux peut être pénétré par l'eau, j'ai fait l'expérience suivante :

J'ai choisi un tube de verre de 1 mètre de long, dont le diamètre était de 16 millimètres 5 et dont la section était par conséquent de 213 millimètres carrés 7. J'ai fermé ce tube à l'une de ses extrémités avec un morceau de drap mouillé, tendu par une ficelle, et j'y ai introduit du sable siliceux tamisé, jusqu'à 80 centimètres de hauteur, après l'avoir légèrement tassé par la succussion.

Le tube ainsi disposé a été pesé pour connaître la quantité de sable qu'il contenait. Cette quantité s'est trouvée de 286 grammes. Ensuite il a été pendu verticalement, l'extrémité fermée en bas, et j'y ai ajouté successivement plusieurs charges de 21 grammes 37 d'eau, qui représentaient chacune 10 centimètres de hauteur lorsqu'elles étaient introduites dans le tube.

La première addition d'eau est disparue en 3 minutes 40 secondes, après avoir mouillé une colonne de sable de 30 centimètres de hauteur.

En 32 minutes, l'eau avait atteint le bas du tube, mais n'avait pas mouillé le sable dans toutes ses parties.

La deuxième addition d'eau a disparu en 17 minutes. Une troisième quantité d'eau ajoutée immédiatement après la seconde est disparue en 15 minutes; la quatrième en 12 minutes; mais l'eau filtrait depuis long-temps régulièrement par le bas du tube.

Cette simple expérience démontre la grande facilité avec laquelle l'eau pénètre dans le sable.

Le gravier, qui se trouve si abondamment dans le lit d'une foule de rivières, est encore beaucoup plus perméable, puisqu'il offre des pores considérables, dans lesquels l'eau est soumise aux lois de l'hydrostatique, sans être gênée d'une manière sensible par la capillarité.

On peut donc conclure des observations qui précèdent, que le sol est poreux, qu'il est pénétré par de l'eau, et que cette dernière est alimentée de plusieurs manières différentes par la pluie, les eaux courantes et même celles stagnantes, et enfin par l'eau de fusion des glaciers.

L'humidité du sol se meut sous forme de courant.

Il peut exister dans le sol des courants dirigés en sens inverses; l'eau des pluies le pénètre de haut en bas; celle venant des couches inférieures s'y élève en remontant vers sa surface. La pesanteur et la capillarité sont les causes qui tendent à la faire pénétrer dans le sol; quant au mouvement en sens inverse, il est déterminé par des causes multiples qu'il importe de rechercher. Ces causes peuvent être une pression opérée par une différence de niveau, ainsi que cela a principalement lieu dans les bas-fonds, l'action capillaire, mais surtout l'évaporation qui a lieu à la surface du sol, et l'exhalation des végétaux.

La pression et la capillarité peuvent élever l'eau jusqu'à un niveau déterminé. Si cette eau s'évapore ou s'échappe par une cause quelconque, le niveau tend à se rétablir, et, de cette tendance à un équilibre qui ne peut exister, il résulte un mouvement de translation. Toutefois, on ne pourra être bien convaincu de l'existence de ce mouvement qu'après avoir reconnu qu'il y a une évaporation constante à la surface du sol; c'est donc à cette recherche que se résume maintenant la solution de la question posée.

L'évaporation de l'humidité du sol est un fait si connu, si vulgaire même, qu'il est sans doute inutile de la démontrer d'une manière expérimentale; c'est par suite de cette évaporation que la terre se dessèche après les pluies.

Indépendamment de l'évaporation qui a lieu à la surface du sol, les végétaux exhalent aussi une quantité considérable de vapeur d'eau.

Étudions d'abord l'évaporation qui a lieu à la surface du sol. Nous aborderons ensuite la question de l'exhalation aqueuse des végétaux.

Hales a trouvé que l'évaporation qui se fait à la surface du sol était à peu près la même en hiver qu'en été, parce que la terre est plus humide dans la première de ces deux saisons et qu'elle abandonne autant d'eau, quoique les circonstances qui peuvent faciliter cette évaporation soient beaucoup moins favorables qu'en été. Il évalue d'ailleurs, d'après des observations de Cruquius, à 1 once 282 grains la quantité d'eau qui s'évapore, sur un cercle de 1 pied de diamètre ou de 113 pouces carrés de surface. En partant de cette observation, il arrive à conclure que la *hauteur* de l'eau qui s'évapore en un an *à la surface de la terre* est de 9 pouces 1/2, soit de 24 centimètres. Cette quantité correspond à 24 grammes par centimètre carré, soit 240k par mètre carré et 2,400,000k, ou 2,400 tonneaux métriques ou kilolitres par hectare !

Pour connaître la quantité d'eau exhalée par les végétaux, Hales (1) a pesé des végétaux cultivés dans des pots et disposés de manière à ne pouvoir perdre d'eau que par la transpiration de leurs parties aériennes. Il a trouvé ainsi que cette transpiration était abondante dans le jour, peu sensible pendant la nuit, et que les plantes suivantes perdaient en douze heures de jour :

Un soleil moyen (*Helianthus annuus*, L.).	1 livre	9 onces.
Un chou	1 »	6 »
Un cep de vigne.	»	5 »
Un pommier greffé sur paradis.	»	9 »
Un citronnier dont le tronc avait 1 pouce 44 de section.	»	6 »

Miller fit des expériences analogues à celles de Hales et trouva des résultats du même ordre.

D'une autre part, Hales vit, par des expériences spéciales, qu'un poirier nain qui pesait 71 livres 8 onces, tira par les racines 15 livres d'eau en dix heures, et qu'il en perdit 15 livres 8 onces par exhalation dans le même temps.

Dans l'intention de contrôler les expériences qui viennent d'être exposées, Hales a recueilli la vapeur d'eau exhalée par les plantes en la condensant dans des vases, et

(1) La *Statique des Végétaux*. Traduction de Buffon, in-4°, 1735.

a ainsi pu la peser. Guettard, en France, a fait des expériences du même ordre, en y introduisant quelques modifications qui les ont rendues plus précises (1).

Il a opéré sur différentes plantes, telles que le cassis, l'agripaume, la pyrèthre, le tamarisc, l'armoise, le sureau, le micocoulier, la courge, la tithymale, l'*acorus verus* et la douce-amère. Il a vu entr'autres qu'une branche de cornouiller, ne pesant que 5 gros 1/2 (environ 22 grammes), et qui, à la vérité, a transpiré plus que toutes les autres plantes, a donné, en quatorze jours, 20 onces 4 gros 1/2 (environ 625 grammes) d'eau, ce qui fait par jour 1 once 3 gros 3/4 (environ 44 grammes) ou le double de son poids d'eau.

Cette quantité n'a pas lieu d'étonner, car les travaux qui ont été entrepris dans l'intention de conserver les bois ou de teindre les arbres dans leur intérieur sans les débiter, ont démontré qu'un tronc d'arbre récemment coupé contenait les deux cinquièmes de son poids de sève liquide. Il y a donc dans un arbre environ deux cinquièmes de son volume qui représentent des espaces dans lesquels les liquides peuvent circuler librement. . . .

Tant de faits si bien observés démontrent de la manière la plus évidente que les végétaux sont parcourus par des courants de liquides mis principalement en jeu par l'exhalation qui a lieu à leur surface, et que ces courants étant alimentés par l'eau interstitielle du sol, il faut que celle-ci se meuve aussi dans ce dernier sous forme de courant, pour arriver incessamment aux radicules des plantes.

L'expérience suivante a une grande importance, parce qu'elle a permis de calculer la quantité d'eau exhalée à la surface du sol couvert de végétaux cultivés.

---

(1) *Mémoires de l'Académie des Sciences*, année 1748.

Hales a trouvé qu'un pied de houblon perdait 4 onces d'eau par jour. Il résulte de cette observation qu'un arpent anglais qui contient 9,000 pieds de houblon doit perdre par exhalation 36,000 onces ou 2,250 livres d'eau par jour (1).

Ces nombres correspondent à 2,521 kilogrammes d'eau par jour et par hectare, ou 2 tonnes 5, ou 2 kilolitres 5, ou, sur une plus petite échelle, environ 250 grammes par mètre carré.

Si l'on admet qu'en moyenne la végétation fonctionne pendant six mois de l'année ou pendant cent quatre-vingts jours, on peut conclure des faits qui viennent d'être exposés que les végétaux cultivés, en remplissant leurs fonctions physiologiques, extraient du sol une quantité d'eau qui correspond à 4 cent. 5 de hauteur.

En réunissant les deux pertes d'eau éprouvées, l'une par le sol, l'autre par les végétaux, on trouve 9,000[k] ou 9 kilolitres par hectare et par jour pendant la période de végétation.

Les données précédentes se résument dans les chiffres suivants :

Eau abandonnée par le sol en un an.	24[c] 0
Eau exhalée par les plantes en six mois de végétation.	4 5
Total de l'eau extraite du sol en un an. . .	28 5

Il n'est pas sans intérêt de comparer la quantité d'eau évaporée à la surface du sol à celle qui y tombe ou qui s'y condense annuellement.

L'eau qui tombe annuellement à Paris et à Londres for-

(1) La livre dont parle Hales était de 16 onces et valait 453 gr. 558. L'arpent dont il est ici question est sans doute l'acre de 0 hectare 4046.

merait chaque année une couche de 53 centimètres de hauteur. Celle qui se condense sous forme de rosée peut être établie d'une manière approximative, d'après des expériences de Hales. Ce savant a admis que toute la rosée qui, en un an, se condense à la surface du sol, dans le lieu où il a fait ses expériences bien entendu, représentait une couche d'eau de 3 pouces 39, soit 8 centimètres 6. Cette quantité est probablement trop forte ; cependant, si on l'admet, on trouve que l'eau qui tombe sur le sol sous une forme quelconque et celle qui s'y condense en rosée, représentent une couche d'eau de 53 centimètres, plus 8 centimètres 6, soit de 61 centimètres 6.

La quantité d'eau évaporée à la surface du sol est donc à celle qui y tombe ou s'y condense en rosée : : 22,5 : 61,6, ou plus simplement : : 19 : 41. C'est-à-dire qu'elle en est un peu moins que la moitié.

En résumant ce qui précède, on aurait :

Eau qui tombe à la surface du sol en un an, sous forme de pluie, de neige ou de grêle, à Paris.	53[c]	»
Eau condensée sous forme de rosée	8	6
Eau reçue à la surface du sol en un an. . .	61	6

Cette eau se répartit ainsi :

Eau évaporée à la surface du sol en un an. .	24[c]	»
Eau exhalée par les plantes en six mois de végétation.	4	5
Eau servant pour alimenter la Seine.	18	5
Eau qui alimente les sources, les nappes et les cours d'eau souterrains, en dehors du bassin de la Seine.	14	6
Somme égale à la précédente.	61	6

Les résultats consignés dans le résumé précédent sont fort imparfaits, puisqu'ils sont établis à l'aide de données recueillies dans des lieux fort différents et par des procédés peu rigoureux; cependant, si l'on considère que la quantité de pluie qui tombe annuellement à Londres est la même que celle qui tombe à Paris, les rapprochements qui ont été faits ne pourront pas pour cela paraître exacts, mais donneront une idée approchée d'un des phénomènes les plus remarquables qui entretiennent la vie à la surface du globe.

Les 28 centimètres 5 d'eau évaporée à la surface du sol sont en partie fournis par la pluie qui tombe directement dans le lieu où elle se réduit en vapeur, par la rosée et par l'eau interstitielle qui est amenée par la capillarité, soit par l'action du sol, soit par celle des plantes.

Il serait de la plus haute importance de pouvoir calculer, même d'une manière approximative, la quantité d'eau amenée à la surface du sol par les courants capillaires; mais on ne peut faire à cet égard que des conjectures, aucune expérience connue ne pouvant la faire connaître.

On sait que cette quantité d'eau est insuffisante pour humecter le sol pendant que la végétation s'accomplit et que, sans l'intervention de la pluie, les récoltes souffrent et même dépérissent. Toutefois, il ne faut pas oublier que la pluie même, par sa chute directe sur le sol, serait insuffisante pour entretenir la vie des plantes si elle ne servait à alimenter les courants interstitiels qui traversent de bas en haut les couches corticales du globe.

Des 28 centimètres 5 d'eau évaporée à la surface du sol en un an, 8,6 sont fournis par la rosée. Des 19 centimètres 9 qui restent, 14,6 au plus sont fournis par les eaux interstitielles, puisque c'est cette quantité qui est destinée à l'alimentation des nappes souterraines, ainsi qu'on l'a vu dans le résumé précédent.

Mais une grande partie de cette eau reparaît à la surface du globe, puisqu'elle sert pour alimenter les sources, et une autre partie s'écoule directement dans la mer. Cependant, comme il a été démontré que les sources, les eaux stagnantes et courantes, les glaciers même pouvaient servir à l'alimentation des eaux souterraines, on peut admettre pour un moment que ces deux quantités, celle perdue et celle gagnée, se compensent, et que l'eau fournie par les courants interstitiels qui s'évapore à la surface du sol, sous ou sans l'influence de la végétation, est de 14 centimètres 6.

En résumé, l'eau évaporée à la surface du sol étant égale à 28 centimètres 5 de hauteur, se composerait :

1° de rosée.	8	0
2° de celle produite par la pluie, la neige, la grêle, etc.	5	9
3° de celle fournie par les courants interstitiels.	14	6
Total de l'eau évaporée.	28	5

L'obscurité qui couvre ce sujet, l'incertitude qui en est la conséquence immédiate, l'inégalité même du phénomène dans les divers points du globe, exigent que l'on diminue le chiffre de 14 centimètres 6. Dans ce qui suivra, l'eau amenée à la surface du sol par les courants interstitiels sera évaluée à 10 centimètres seulement de hauteur.

Les détails qui précèdent, quoique incertains au point de vue de la quantité, ne peuvent cependant laisser le moindre doute sur l'existence des courants interstitiels, et doivent démontrer jusqu'à l'évidence la plus complète que, *de même que le globe a une chaleur propre, sa couche corticale a aussi une humidité propre ;* humidité qui, pour un lieu déterminé, est indépendante de l'eau qui peut y tomber directement, et se meut de bas en haut pour être évaporée à la surface du sol ou exhalée par les plantes. Elle existe partout, et partout elle est une des principales sources de la vie, à moins que quelque obstacle ne l'empêche d'accéder à la surface du sol, comme dans les landes et les déserts africains.

COUCHES CORTICALES DU GLOBE QUI PEUVENT ÊTRE TRAVERSÉES PAR LES COURANTS INTERSTITIELS.

Les couches arénacées du globe ne sont pas les seules qui soient traversées par des courants : les différentes masses qui le constituent sont plus ou moins poreuses et doivent aussi se laisser pénétrer par l'eau. Les calcaires des terrains secondaires et tertiaires, tels que la craie et le calcaire grossier, sont évidemment dans ce cas ; car si l'on examine une pierre quelconque, à l'instant où elle vient d'être arrachée du terrain qui la recelait, on trouve qu'elle est humide, et lorsqu'on la dessèche son poids diminue constamment d'une quantité notable en perdant de l'eau. Cela est encore démontré par l'humidité qui traverse les pierres employées dans les constructions, par le *salpêtrage* des murailles, par les pierres gélives qui n'éclatent au dégel que parce qu'elles ont été pénétrées par de l'eau qui, en gelant, en a écarté et dissocié les particules. Les souterrains non recouverts de constructions munies de toits laissent constamment suinter un liquide ; les carrières, les grottes, sont dans le même cas, et c'est par ce même liquide, rassemblé en gouttes et tombant sur la partie inférieure de ces cavités, que se forment les stalactites et les stalagmites.

Les silex mêmes sont poreux et pénétrés d'humidité :

lorsqu'ils sont récemment tirés des carrières, ils peuvent être facilement taillés en les faisant éclater; si on les laisse sécher, ils perdent le liquide qui était contenu dans leurs pores et ne peuvent plus être taillés avec la même facilité.

Les masses minérales les plus compactes en apparence, mais formées de parties agrégées, telles que les granites, les gneiss, les micaschistes et même tous les minéraux à structure schisteuse sont pénétrables par des liquides qui peuvent les traverser fort lentement, il est vrai. Il est même éminemment probable que le mica ne se forme entre les fragments de quartz qui doivent produire les micaschistes, que postérieurement à la rupture de la masse qui les a produits, et que les éléments qui forment les micas y sont amenés peu à peu par ces mêmes liquides qui traversent les couches corticales du globe dans tous les points qui leur offrent le moindre espace où ils peuvent pénétrer, ainsi que je l'ai fait voir dans mon traité de minéralogie.

Les grès à bâtir sont perméables aux liquides; cela est prouvé par la couleur noire qu'ils prennent par la vase des ruisseaux, lorsqu'ils sont employés au pavage. Les grès lustrés sont beaucoup moins perméables ou ne le sont pas du tout.

J'ai déjà fait remarquer que les argiles elles-mêmes qui servent dans les constructions pour empêcher le passage de l'eau, sont cependant pénétrables par ce liquide, mais qu'elles ne le laissent pénétrer qu'avec une extrême lenteur.

Lorsque l'on examine des roches, même très compactes, comme les calcaires, dits marbres, on voit que souvent ils sont formés de fragments qui, postérieurement à l'accident qui les a fait naître, ont été réunis par du carbonate calcaire cristallisé, qui a dû pénétrer dans les anfractuosités existantes entre les fragments à l'état de dissolution et non à l'état de fusion ignée ; car les parties adjacentes aux deux côtés d'une soudure ne présentent aucune des altérations qui auraient pu être produites par une température élevée. Cette observation devient de la plus grande évidence quand on remarque que des fragments de houille se trouvent quelquefois réunis de la même manière par de la dolomie ou du calcaire parfaitement cristallisé, je le répète, sans que ces fragments présentent en aucune manière les altérations qui seraient résultées d'une température élevée.

Les moules des fossiles, mollusques ou radiaires qui se sont remplis de calcaire ou de silice, ont dû l'être par la même voie, c'est-à-dire par un liquide qui a traversé leurs parois et a déposé une matière solide à leur intérieur.

Les pétrifications siliceuses ont été fournies par un liquide chargé de silice, qui a pénétré lentement les matières organiques qui leur ont donné naissance et y a abandonné cette substance, qui s'est peu à peu substituée à la matière organique qui les formait. Il a même dû arriver que le dissolvant de la silice contenue dans les eaux a pu dissoudre ou brûler ces mêmes matières organiques, car elles ont disparu et n'ont laissé que la trace de leur existence dans le fossile qui les représente.

Les plaques et les rognons de silex ont dû être formés lentement, de la même manière. Les agathes mêmes ont été soumises à un mode de formation analogue au précédent.

Une foule de cristaux que l'on trouve dans des cavités nommées *fours* par les minéralogistes sont dans le même cas.

En résumé, les courants interstitiels du globe peuvent exister dans tous les terrains, seulement ils y ont une activité très variable : tandis qu'ils en traversent de très poreux avec une grande facilité ; ils ne peuvent pénétrer qu'avec une lenteur extrême dans les couches très compactes, telles que celles que représentent les argiles et les grès contenant une quantité notable de silice amorphe.

MATIÈRES ENTRAINÉES PAR LES COURANTS INTERSTITIELS ET QUI PEUVENT MODIFIER LA COMPOSITION DU SOL.

L'eau pouvant traverser avec plus ou moins de facilité presque toutes les couches corticales du globe dissout des matières très variées : les felspaths lui abandonnent de la potasse et de la soude ; les calcaires, de la chaux ; la dolomie et les roches talqueuses, de la magnésie.

L'acide carbonique en dissolution dans l'eau paraît être l'agent qui permet à ce liquide d'attaquer les roches qui paraissent les plus stables et les plus résistantes, et d'en dissoudre quelques éléments. Il décompose les silicates, dissout leurs bases et même l'acide silicique. Le calcaire, la dolomie (1), l'apatite (2) et le fluorure de calcium s'y dissolvent aussi à l'aide de cet agent.

Le fluor pourrait bien n'être pas étranger à ces grands phénomènes. Sa tendance à se combiner au silicium permet de le penser. Cela paraît d'autant plus probable qu'il se rencontre généralement dans les cendres des plantes, et même jusque dans les os des animaux.

Le fluorure calcique est d'ailleurs très répandu dans la nature et peut se rencontrer dans la plupart des terres arables.

Le gypse se dissout directement dans l'eau en quantité

(1) Carbonate de chaux et de magnésie.
(2) Phosphate de chaux naturel.

relative très considérable. Le sel gemme (chlorure de sodium) et le sulfate de magnésie sont encore plus solubles dans ce liquide.

Les eaux de la mer, comme les autres, s'infiltrent dans les couches du globe et peuvent remonter jusque dans le sol arable; elles entraînent avec elles des sels de sodium et de magnésium en grande abondance [b].

Les dépôts de lignites et de houille doivent avoir abandonné et abandonnent encore différents sels, beaucoup de potasse et quelque peu de matière organique (1). Les dépôts de coquilles fossiles, les couches de Faluns doivent aussi donner de la matière organique azotée ou les produits qui résultent de sa décomposition, tels que l'ammoniaque (2).

Les eaux d'infiltration doivent donc entraîner avec elles des matières très variées et très variables, selon les terrains qu'elles ont traversés.

Les matières dissoutes réagissent les unes sur les autres et donnent naissance à d'autres produits que ceux qui ont été enlevés directement; les roches désagrégées, qui sont les principaux éléments constitutifs du sol, réagissent aussi sur les matières que les eaux contiennent et peuvent les modifier d'une manière très notable.

Les réactions qui ont lieu dans des espaces capillaires peuvent être fort différentes de celles qui s'accomplissent

---

(1) Les cendres de houille ne contiennent que peu ou point de potasse, et cela est probablement dû à ce que cette substance a été entraînée par les courants interstitiels.

(2) Les eaux qui couvrent le sol, même celle qui tombe sous forme de pluie, contiennent presque constamment de l'ammoniaque. Ce produit augmente pendant les saisons chaudes, soit par sa concentration, ou plutôt encore par les réactions qu'une température élevée favorise presque toujours.

au sein d'une masse liquide et ne sont point soumises aux mêmes lois.

Il résulte évidemment des considérations qui précèdent qu'elles donnent des renseignements sur les matières dissoutes dans les eaux qui se meuvent dans les couches du globe sous forme de courants capillaires, sur la variabilité de ces matières selon leur origine et le terrain que ces eaux ont traversé; mais que l'on ne saurait assigner d'une manière précise ni l'état de combinaison, ni les quantités des substances dissoutes.

En résumé, si le sol cède des produits minéraux à l'eau, il faut reconnaître que, par des moyens variables et peu connus, il leur en enlève des quantités fort notables.

Si l'on veut avoir sur les eaux d'infiltration des renseignements plus positifs que ceux qui peuvent se déduire de leur origine et des réactions chimiques auxquelles leurs éléments ont dû être soumis, il suffit d'examiner la composition des eaux des puits et des sources : ces eaux sont effectivement celles qui peuvent être portées jusque dans le sol en s'y élevant par des actions capillaires (1).

Depuis que les chimistes, dans l'intérêt de l'hygiène publique, ont porté leur attention sur ces eaux, on possède un bon nombre d'analyses qui ont été faites avec soin et qui méritent d'inspirer de la confiance. On trouve en général que ces eaux renferment de la chaux, de la magnésie, de la potasse, de la soude, combinées avec différents

(1) Les eaux que l'on obtiendrait en lavant le sol arable ne pourraient conduire au même résultat, parce que les produits apportés par les eaux interstitielles y éprouvent des changements qui peuvent les rendre insolubles, et parce que quand même on n'y a pas introduit d'engrais, ces produits sont modifiés par ceux qui constituent le sol même, comme cela vient d'être dit.

acides, tels que le sulfurique, l'azotique, ou que leurs métaux sont unis au chlore, même au brôme et à l'iode. On y rencontre encore une quantité notable d'acide silicique et souvent des matières organiques généralement azotées.

La quantité des matières dissoutes dans l'eau varient depuis 0,000143, quantité trouvée dans l'eau du puits foré de Grenelle, près Paris, par M. Payen, jusqu'à 0,000710, autre quantité trouvée dans l'eau d'un puits foré d'Elbeuf, par M. Girardin de Rouen. La moyenne des analyses connues donne environ 0,0004.

Si l'on admet que les eaux qui se meuvent dans le sol sous forme de courants interstitiels et parviennent à sa surface, contiennent en moyenne, à l'état de dissolution, 4 dix-millièmes de matières salines, on trouvera facilement que cette quantité de matière, si faible en apparence, suffirait à elle seule pour entretenir la fécondité du sol, si elle était toujours aussi abondante et si plusieurs causes perturbatrices ne la diminuaient d'une manière notable.

Cinq dix-millièmes d'acide carbone-carbonique contenus dans l'air ne fournissent-ils pas la majeure partie du carbone contenu dans les plantes, et cependant le carbone des plantes est en général dix fois plus considérable que les matières minérales qu'elles renferment?

Au lieu d'une induction il est facile d'obtenir un résultat plus précis à l'aide des données précédentes.

10,000 tonneaux d'eau amenés annuellement à la surface d'un hectare de terre lui apporteraient 400 kilogrammes de matières salines : les récoltes les plus abondantes, celles même qui enlèvent le plus de matières minérales au sol n'en exigent pas autant.

Plusieurs causes s'opposent cependant à l'effet que les

matières salines, amenées par les courants interstitiels, pourraient produire sur la végétation.

1° S'il est des eaux qui contiennent plus de 0,0004 de matières minérales en dissolution, il en est aussi qui en contiennent moins.

2° Toutes les matières minérales apportées par les eaux dans un sol déterminé ne sont point également utilisables par les plantes que l'agriculteur y cultive.

3° Tous les sols ne sont pas également perméables, ni convenablement divisés pour exercer une action capillaire suffisamment énergique.

4° Il est des sols qui, comme les landes et les déserts de l'Afrique, ont un sous sol imperméable qui ne permet pas aux courants capillaires de venir jusqu'à leur surface.

5° Il y a une partie des matières apportées par les courants interstitiels qui échappe à l'action des racines.

6° Il y en a une autre partie entraînée par les eaux pluviales.

7° Si les courants interstitiels suffisent aux plantes qui, comme les arbres, ont des racines fortes et puissantes qui s'étalent dans le sol et y pénètrent à une grande profondeur, il ne peut en être de même pour les plantes qui n'ont que des racines chevelues, comme la plupart des graminées.

Il résulte des considérations précédentes, qu'en moyenne les eaux d'infiltration capillaire ascendantes du globe apportent, en un an, généralement moins de matières minérales qu'une récolte peut en enlever. Cependant, il faut reconnaître que si cette quantité peut être nulle dans des circonstances déterminées signalées sous le numéro 4, il peut aussi arriver qu'elles suffisent pour entretenir une abondante fertilité.

Après deux ans, la quantité moyenne de matières minérales apportée à la surface du sol par les courants interstitiels pourrait être de 800 kilogrammmes ; après un siècle, elle serait de 40,000^k, soit de 4 kilogrammes par chaque mètre carré : si l'on admet que le sol a 40 centimètres de profondeur et une densité apparente de 1,5, on trouve que la matière étrangère apportée par les courants y entrerait pour 1 quinze centième ! Il faut cependant remarquer que les courants capillaires apportent constamment des matières salines qui, en se solidifiant dans les pores ou les interstices du sol, finissent par les obstruer et fournissent ainsi le moyen d'entraver leur propre action.

C'est aux courants capillaires, qui s'exercent jusque dans l'intérieur des pierres qui entrent dans les constructions, que sont dues les efflorescences salines nitreuses et autres que l'on observe si souvent. C'est encore à eux qu'il faut attribuer les amas de nitrate de potasse et de nitrate de soude que l'on observe dans le midi de l'Espagne, dans l'Inde et au Chili. Toutefois, les causes qui ont produit ces sels, qui contiennent une quantité considérable d'oxygène, sont plus compliquées que celles qui ne font qu'amener les matières salines à la surface du sol; car l'atmosphère a dû intervenir d'une manière active et puissante dans la formation des azotates : c'est au moins ainsi que l'on peut expliquer comment ils contiennent tant d'oxygène.

PHÉNOMÈNES ET EFFETS PRODUITS PAR LES COURANTS INTERSTITIELS ASCENDANTS DU GLOBE.

Les courants capillaires qui traversent le sol donnent naissance à des phénomènes, dont quelques-uns seulement peuvent dès aujourd'hui être appréciés et devenir l'objet d'une description. Les autres, beaucoup plus nombreux, sans doute, ne pourront être connus que lorsque l'attention se sera fixée sur eux et qu'ils seront devenus l'objet de recherches spéciales.

Les phénomènes produits par les courants interstitiels sont de divers ordres : ils peuvent être mécaniques, physiques, chimiques et physiologiques.

Les phénomènes mécaniques et physiques sont ceux qui se rattachent à l'existence même des courants et aux modifications que le sol considéré comme un agent divisé et poreux peut exercer sur les divers éléments qui se trouvent en présence.

Les phénomènes chimiques, beaucoup plus nombreux et variant avec les circonstances, sont, par cela même plus difficiles à apprécier et à faire connaître d'une manière générale. Non seulement ils comprennent les réactions qui ont lieu sous l'influence du sol intervenant par son simple contact, mais encore celles qui sont dues à ce sol considéré comme contenant des agents chimiques, et celles dues à l'atmosphère qui le pénètre.

Les phénomènes physiologiques, non moins nombreux que les précédents et pouvant même en comprendre une partie considérable, se rattachent à l'action que les végétaux exercent sur les courants interstitiels.

Il est plus facile d'énumérer les différents ordres de phénomènes qui doivent leur existence aux courants capillaires du sol, que de les connaître et de les exposer d'une manière suffisamment lucide. Aussi me bornerai-je à quelques détails.

L'eau amenée à la surface du sol par les courants interstitiels s'évapore et cède ainsi la place à de nouvelle eau qui la remplace.

C'est l'évaporation qui est la cause de ce mouvement; car sans elle il s'arrêterait aussitôt que les espaces capillaires seraient remplis.

A mesure que l'eau s'évapore, elle abandonne dans le sol des produits qui s'y solidifient et en modifient la composition, ainsi que cela a été dit.

Les éléments propres du sol, désagrégés par les causes qui ont été signalées par M. Liebig, réagissent sur les produits amenés par les courants; de ces réactions il résulte de nouveaux composés qui peuvent être dus aux mêmes principes unis dans un autre ordre de combinaison.

A la surface même du sol, les bicarbonates de chaux et de magnésie doivent se détruire; les produits qui étaient simplement dissous par l'acide carbonique, comme les phosphates de chaux et de fer, redeviennent insolubles. Lorsque après la pluie le sol devient humide et qu'il est apte à absorber l'acide carbonique de l'air, des phénomènes inverses doivent se produire, et ces phénomènes sont favorisés par la porosité du sol. La même chose doit avoir lieu sous l'influence de l'acide carbonique produit par les engrais.

Le silicate de potasse décompose les sels de chaux, de magnésie et de fer pour former des silicates de ces mêmes bases.

Le sulfate de chaux est décomposé par le carbonate d'ammoniaque pris à l'atmosphère ou puisé dans les engrais, et il en résulte du carbonate de chaux et du sulfate d'ammoniaque.

Les chlorures alcalins peuvent être détruits sous l'influence de la porosité par le carbonate calcaire, et même, en dehors de cette influence, par le bicarbonate d'ammoniaque.

Le peu de matière organique apporté par les eaux souterraines est détruit par une fermentation déterminée par le contact de l'air atmosphérique.

Pour se faire une juste idée de ces phénomènes, il faut remarquer que pendant qu'il existe un courant ascendant d'eau chargée de diverses matières venant des couches inférieures du sol, il y a un autre courant en sens inverse qui apporte les éléments provenant de l'atmosphère.

Il se produit ainsi dans le sol trois couches distinctes : une inférieure ne contenant que les produits ascendants ; une supérieure, modifiée par l'atmosphère et contenant en abondance les produits qui en émanent ; enfin, une couche moyenne où les deux courants se rencontrent et donnent lieu à une foule de phénomènes, qui peuvent varier avec l'état de l'atmosphère, la saison et même l'heure du jour.

Les sucs du sol sont aspirés par les radicules des plantes : ils pénètrent ces dernières et circulent dans tous leurs organes. Une partie de ces sucs est exhalée par elles sous forme de vapeur; une autre partie retourne dans le sol, mais non sans avoir été modifiée et sans avoir laissé dans le végétal une quantité notable des matières minérales ou organiques qu'elles contenaient, et non sans entraîner avec elles des matières organiques.

Les matières retournées dans le sol peuvent être absorbées et rejetées de nouveau ; mais peu à peu leur quantité augmente et s'amasse aux environs des radicules des plantes.

Les matières minérales retenues par les végétaux servent à fixer les matières organiques, à mesure qu'elles se produisent.

La silice sert principalement à la formation de l'épiderme des plantes et notamment des graminées; la silice, la chaux et la potasse concourent à la formation de la fibre ligneuse ; la potasse, à celle du sucre et des acides; la magnésie et les phosphates concourent principalement à la création de la matière protéique et en général à celle des organes de la reproduction. Ce dernier rôle s'étend jusque dans le règne animal où l'on trouve le phosphate ammoniacomagnésien dans les ovaires et dans le sperme des êtres qu'il embrasse.

Plusieurs principes sont donc employés : les uns par les organes de la végétation ; les autres, presque exclusivement par ceux de la reproduction.

Les principes rejetés par le végétal pendant la période de végétation s'accumulent, s'emmagasinent autour des radicules des plantes et forment une espèce de réserve pour l'époque de la fructification.

Les principes que des plantes déterminées n'ont pu utiliser demeurent dans le sol et servent pour l'enrichir relativement à d'autres plantes qui peuvent les utiliser.

Voici en peu de mots le résumé des phénomènes principaux qui s'accomplissent dans le sol sous l'influence des courants souterrains :

« Modification de la composition du sol et augmentation de sa richesse, entretien de la végétation, réserve pour l'époque de la fructification et pour des récoltes successives de natures variées. »

Ces différentes conditions qui sont appuyées sur des faits suffisants pour être indubitables, peuvent être d'un secours puissant pour créer une véritable théorie des jachères, des rotations et des engrais verts. Ce sont ces applications qui vont être étudiées maintenant.

DEUXIÈME PARTIE.

APPLICATIONS.

Les courants interstitiels exercent une influence considérable sur la végétation.

Lorsqu'ils manquent, elle languit. Un petit nombre d'espèces végétales peut d'ailleurs résister à la privation de l'humidité ; si on les exploite, c'est-à-dire, si on les enlève pour les exporter dans un lieu de consommation éloigné, le sol va en s'appauvrissant de toutes les manières, à moins que l'on ne fasse intervenir des engrais puissants.

Lorsque les courants existent, ils peuvent varier selon une foule de circonstances. Non seulement ils ne portent pas dans tous les lieux la même quantité de matière utilisable par la végétation, mais encore les éléments qu'ils transportent varient en quantité absolue et en quantité relative.

L'état du sol, que la culture peut souvent modifier à volonté, exerce une grande influence sur ces courants.

La division de la terre, en augmentant la surface d'évaporation, facilite beaucoup les courants interstitiels ; la présence des plantes spontanées ou semées avec intention leur donne une grande activité et enrichit le sol de tout ce qu'elles ont pris et qui ne serait point venu s'y rendre sans leur intervention.

A ces causes, il faut en ajouter une autre qui n'agit qu'avec une lenteur extrême, mais qui exerce une influence immense sur la végétation : c'est celle qui naît de l'épuisement même des terrains traversés par les eaux souterraines, ou des changements survenus dans ces mêmes terrains par suite de révolutions éprouvées dans le sein de la terre, qui ont détourné le cours des eaux qui venaient affleurer dans un lieu déterminé.

Il résulte de ce qui précède, que le sol est soumis à plusieurs causes qui peuvent faire varier sa constitution : 1° les matières apportées par les courants interstitiels ; 2° celles introduites dans le sol par les engrais ; 3° l'action que les végétaux exercent en pompant les sucs de la terre par leurs racines et en s'assimilant tout ce qui peut entrer dans leur constitution ou simplement servir à leur édification ; 4° la variabilité dans la nature des matières apportées par les courants interstitiels.

Les principaux effets produits par la présence ou l'absence des courants interstitiels vont être étudiés successivement sous les différents titres de : landes et déserts, jachères, rotations, engrais verts, rotation des flores à la surface du globe.

LANDES ET DÉSERTS ARIDES.

L'existence du Sahara et des déserts africains, en général, a dû exciter l'étonnement de tous ceux qui prennent quelque intérêt à la géographie physique.

En effet, pourquoi le continent africain est-il recouvert de sables arides ? On ne peut dire que cette aridité soit due au sable siliceux ; car il resterait encore à demander pourquoi ce sable est-il si sec, si mobile que les vents puissent le transporter avec tant de facilité d'un lieu dans un autre, tandis que dans une foule de localités il est imprégné d'humidité et peut, jusqu'à un certain point, être modelé avec la main. D'une autre part, le sable ne s'oppose point à la culture des plantes : combien y a-t-il de sols sablonneux qui sont productifs et qui peuvent même être cultivés avec avantage ? En allant de Paris à Fontainebleau par la route pavée, un peu avant d'entrer dans la forêt, on voit sur la droite une éminence remarquable que l'on nomme le Tertre blanc. Ce tertre est formé de sable et se trouve dénudé, il est vrai ; mais entre ce tertre et Soisy, il y a une plaine de sable un peu calcaire, mais très profond, où toutes les cultures réussissent : on y a planté de la vigne et il y vient de très beau blé.

Le sable siliceux n'est point par lui-même un obstacle à la végétation ; il faut qu'il y ait une autre cause que la nature même du sable qui détermine l'aridité des déserts africains. L'étude du sol des landes, qui n'est point sans analogie avec celui des déserts de l'Afrique, pourra peut-être permettre de formuler une réponse convenable à cette question.

Le sol des landes est formé de sable siliceux mobile, où il ne vient spontanément qu'un très petit nombre d'espèces végétales, telles que diverses bruyères, l'ajonc, le *rumex acetosella*, etc. Plusieurs conifères peuvent y réussir, entr'autres le *pinus maritima*.

Des expériences faites sur une échelle considérable dans les environs de Bordeaux, notamment par M. Fieffé, déjà cité, et par M. Lemotheux, ont démontré que toutes les cultures, même celle maraîchère, pouvaient réussir dans ce sol lorsqu'il était possible de l'arroser à volonté.

M. Lemotheux, en profitant de sources qui lui fournissent toute la quantité d'eau désirable, a disposé une irrigation qui lui a permis de fonder de véritables jardins potagers dans un sol qui passait pour stérile et n'avait qu'une très faible valeur.

C'est donc l'absence de l'eau qui fait que le sol sablonneux est stérile. Mais d'où vient cette absence ?... Si l'on creuse le sol, on trouve la réponse à cette question :

A une profondeur peu considérable, on rencontre une couche imperméable que les habitants du pays nomment Alios ou Tuf. Cette couche est principalement formée de sable siliceux imprégné d'humus à un degré variable de décomposition et présentant toutes les nuances des minerais de fer limoneux, depuis le brun foncé, de ceux qui sont fortement manganésifères, jusqu'aux teintes de l'ocre le plus clair [c].

Quoique ayant l'apparence d'un minerai de fer, l'alios peut ne pas contenir une trace de ce métal ; cependant il en contient quelquefois des quantités notables. Dans le premier cas, il laisse un résidu de blanc par la calcination à l'air libre, dans le second il laisse un résidu fortement coloré en rouge brique par le sesquioxyde de fer.

L'alios est souvent pénétré d'une quantité variable de silice amorphe, qui en relie fortement les parties et en fait une espèce de grès peu ou point perméable.

La couche formée par l'alios n'a qu'une épaisseur de quelques centimètres ; elle existe à une profondeur peu variable et inférieure à un mètre, de telle manière qu'elle suit les ondulations du sol.

La nature chimique de cette roche, sa faible épaisseur et sa situation dans le sol démontrent qu'elle a été formée depuis l'existence de cet amas de sable qui forme les landes, et qu'elle est due à des produits émanés des végétaux, qui se sont arrêtés dans le sol sans pouvoir pénétrer plus avant et sans pouvoir remonter à sa surface, parce qu'ils ont arrêté les courants interstitiels et ont empêché leur marche ascensionnelle. Ces mêmes courants ne sont pas étrangers à la formation de l'alios ; c'est au moins à eux que l'on doit attribuer la silice amorphe qui, dans bien des cas, fait de l'alios un véritable grès [d].

Les landes de la Bretagne, celles de la Sologne reposent aussi sur un sol imperméable, souvent argileux, qui est la cause de leur aridité (1).

Tantôt, dans la sécheresse, le sous-sol s'oppose à ce que les eaux souterraines viennent humecter le sol; tantôt, dans les saisons humides, elles retiennent les eaux atmosphériques, et les terrains sont submergés.

L'alios, cette couche imperméable, est donc la cause de l'existence des landes de Bordeaux et de leur stérilité [e].

Les agriculteurs, lorsque cela n'entraîne pas trop de dépense, n'ont pas de plus grand intérêt que de défoncer le sol et de détruire cette couche.

Lorsqu'ils ne pourront le défoncer dans toute l'étendue d'un champ, ils devront percer la couche d'alios dans plusieurs endroits et remplir les cavités percées avec le sol ameubli. Après quelques années, l'humidité des couches subordonnées au sol traversera ces ouvertures et pourra se répandre dans ce dernier par une espèce de diffusion.

Lorsque, au contraire, le sol sera inondé et qu'on voudra le dessécher, il faudra encore percer cette couche; les eaux s'infiltreront alors par les ouvertures faites dans l'alios et le dessèchement sera obtenu à peu de frais.

Il est bien entendu d'ailleurs, que cette dernière opération ne pourra être pratiquée avec succès qu'autant que l'espace à dessécher sera mis à l'abri des eaux des niveaux supérieurs, qui pourraient l'inonder, soit par des digues, soit par des fossés ou de simples rigoles, selon les circonstances.

---

(1) Voir Puvis, *Traité des Amendements*, p. 20.

Les faits qui viennent d'être exposés permettent de penser que l'aridité des grands déserts de l'Afrique est principalement due à une même cause que celle de la plupart des landes françaises [*f*], c'est-à-dire qu'il existe un peu au dessous de la surface supérieure du sol une couche imperméable qui empêche les eaux souterraines de venir l'humecter et qui, retenant les eaux pluviales à une faible profondeur, fait qu'elles s'évaporent trop rapidement. Cette couche imperméable n'est pas la seule cause qui rende le sol aride; il paraît qu'il est imprégné d'une quantité considérable de natron, quelquefois de sel commun (chlorure sodique), qui sont nuisibles à la végétation.

Le major Denham, qui a traversé les grands déserts de l'Afrique pour se rendre du Fezzan au Bournou, donne quelques indications, souvent répétées, qui confirment la supposition qui vient d'être faite sur l'aridité des déserts africains : il paraît résulter des renseignements donnés par cet intrépide voyageur, que les puits de ces déserts donnent de l'eau douce à une faible profondeur au dessous de la surface du sol, *immédiatement après avoir traversé une couche de grès*. Voici comment il s'exprime :

« L'eau, comme nous l'avons déjà observé, se trouve
» dans le pays à une profondeur qui varie de six pouces à six
» pieds. Le terrain près de la surface, notamment dans le
» voisinage de ces villes des Tibbous, est fortement impré-
» gné de substances salines; à tel point, que des incrusta-
» tions de trona pur ou presque pur s'étendent quelquefois
» à plusieurs milles..... Il y avait près de nous un puits de
» très bonne eau, entouré d'agoul et d'herbe haute. L'in-
» crustation du sel à la surface des terrains avait plusieurs
» pouces de profondeur. *Au dessous était le rocher de grès,*
» *et à deux pieds plus bas était de l'eau limpide et douce.* »

Dans les environs de Bilma, « plusieurs belles sources » d'eau fraîche sortent du sol ; aucun puits n'est saumâtre ; » mais quand l'eau reste quelquefois stagnante, elle s'im- » prègne de matière saline...

» Les puits du Ouadey étaient des trous profonds d'envi- » ron dix-huit pouces. L'eau perdit beaucoup de son goût » de carbonate de soude après qu'on en eût tiré. Les trous » se remplissent très vite. Le goût salé vient probablement » de la terre du bord qui tombe dans l'eau ou qui y est pous- » sée par le vent » (1).

Puisque le sable mouvant des déserts africains contient une grande quantité de matières salines, et qu'à une faible profondeur on trouve de l'eau douce, il faut qu'il existe une couche imperméable qui les sépare. L'existence de cette couche n'est plus un problème, sa nature est indiquée par le major Denham, c'est du grès : c'est la même matière qui stérilise les landes situées au sud de Bordeaux.

Avant de terminer l'examen des causes qui ont produit les landes et les Saharas, il importe de remarquer qu'en réalité ce n'est point la présence d'une couche imperméable qui rend le sol aride ; car il y a de ces couches dans presque tous les terrains stratifiés ; mais que c'est son trop grand rapprochement de la surface supérieure du sol qui la rend nuisible : l'eau qui tombe directement sur ce sol est promptement évaporée et l'eau interstitielle ne peut s'y répandre avec une diffusion suffisante.

(1) *Voyages et Découvertes dans le nord de l'Afrique*, par le major Denham, le capitaine Clapperton et le docteur Oudney. Traduction française, t. Ier, p. 142-143, 147, 155 et 161.

JACHÈRES ET ROTATIONS.

Les plus anciens auteurs dont les écrits sur l'agriculture sont parvenus jusqu'à nous, Columelle, Varron, Pline, Caton, Virgile, ont parlé de l'épuisement du sol par une suite de récoltes de même nature et de la nécessité de le laisser reposer ou de le mettre en jachère pour qu'il puisse redevenir apte à reproduire les mêmes récoltes. La plupart de ces auteurs signalent aussi l'avantage que l'on peut retirer de la culture successive de plantes légumineuses et de céréales. Pline parle même de terres dans lesquelles on a cultivé alternativement du blé et des fèves, sans jamais les laisser en repos. Dans des temps beaucoup plus rapprochés de nous, depuis la découverte du Nouveau-Monde, on a remarqué que les terres du Brésil, qui d'abord ont pu donner une grande suite de récoltes de cannes à sucre, ont fini par s'épuiser, et qu'il est devenu indispensable de leur ajouter des engrais puissants pour leur rendre la fertilité. La même chose a d'ailleurs été observée à Cuba, dans les îles Maurice et Bourbon, enfin partout où l'on cultive ce végétal.

Les agriculteurs ont confirmé tous ces faits. Ils ont également observé et démontré qu'en alternant convenablement les cultures et en employant toutefois des engrais convenables, la terre demeurerait toujours fertile. Cette pratique, introduite depuis long-temps dans le nord de la France, ne peut laisser aucun doute sur sa réalité et son efficacité.

On sait que, lorsque l'on a déraciné un arbre, on ne peut en planter un autre de même espèce dans le même lieu, sans que ce nouvel arbre dépérisse. On sait encore qu'il est convenable de changer les essences des forêts que l'on exploite, afin d'obtenir de bons résultats. On sait même que, lorsque l'on a détruit une forêt, les espèces qui poussent spontanément dans le même lieu ne sont point celles qui y préexistaient, et l'on a de plus reconnu l'ordre de succession des espèces.

A ces observations viennent s'en rattacher d'autres non moins importantes. On a vu que des plantes agrestes ou incultes éprouvaient une véritable migration, c'est-à-dire qu'elles disparaissaient spontanément d'un lieu pour se transporter dans un autre.

Les flores antédiluviennes démontrent que les types et les races des végétaux qui se sont succédés à la surface du globe ont beaucoup varié, et que cette variation a toujours eu lieu dans un ordre déterminé.

Les cryptogames vasculaires, telles que les fougères, les lycopodiacées, les lépidodendrées et des plantes monocotylédonées, comparables aux palmiers, sont venues les premières. La seconde période de formation végétale a été caractérisée par l'apparition des plantes gymnospermes, comprenant les conifères et les cycadées; enfin sont apparues les dicotylédonées, caractérisées surtout par la présence des plantes arborescentes de la famille des amentacées.

Cette succession remarquable de types végétaux, signalée par plusieurs naturalistes et notamment par M. Adolphe Brongniart, a été attribuée principalement à la variation de la température du globe et à la différence de composition de l'atmosphère, qui devait alors contenir à l'état d'acide carbonique tout le carbone qui, aujourd'hui, est enfoui à l'état fossile sous forme d'anthracite et de houille.

Sans repousser ces explications, qui ont une valeur réelle, n'aura-t-il point suffi de rapprocher la succession des êtres végétaux à la surface du globe des observations agricoles qui précèdent, pour faire comprendre que tous ces faits sont reliés entre eux par une cause commune, toujours permanente, qui est celle qui, aujourd'hui, nécessite les rotations des plantes et les jachères?

A côté de ces grands phénomènes qui se sont accomplis dans les temps qui ont précédé l'apparition de l'homme à la surface du globe; auprès de ces créations successives ne voit-on point que l'assolement des forêts et les rotations des cultures viennent prendre une place immédiate (1)?

En un mot, les diverses créations végétales qui se sont succédées à la surface du globe ne sont-elles point une véritable rotation, pour laquelle les siècles ont été des années?

Il suffit, en effet, d'avoir rapproché les faits précédents pour démontrer qu'il existe entre eux une connexion intime et qu'ils se rattachent tous à une même cause. C'est donc cette cause qu'il importe de chercher et d'étudier, tant en elle-même que dans ses rapports avec la végétation. Cependant, avant d'aborder ce sujet, il importe d'exposer les opinions et les travaux des agronomes et des savants qui se sont occupés jusqu'à ce jour de la théorie des jachères et des assolements.

Observations de M. André Thouin.

M. André Thouin, dans son cours de culture, ne fait que reproduire les observations des anciens agronomes,

(1) Pour éviter la confusion, j'entends par *assolement* la détermination ou le choix des espèces végétales qui conviennent à divers sols déterminés, et par *rotations* la succession des cultures qu'il convient de leur donner. Les divers assolements peuvent être représentés par des rotations très distinctes les unes des autres.

en les généralisant plus qu'elles ne pouvaient l'être à l'époque où ils existaient :

« Il faut, dit-il, alterner les plantes offrant la plus grande » différence possible par leur organisation. Il est aussi convenable que les plantes qui se succèdent pénètrent le sol » à des profondeurs variables ; par exemple, qu'à une graminée à racine chevelue et diffuse succède une racine pivotante... Il convient même de soumettre les forêts à un » assolement (1). »

Explication de Thaër.

Thaër, dans ses principes raisonnés d'agriculture, explique de la manière suivante l'effet des jachères et des rotations (2) :

« L'épuisement occasionné par les récoltes de grains est » réparé de trois manières :

» 1° Par le transport et l'incorporation des engrais proprement dits...

» 2° Par ce qu'on appelle repos, ou plutôt par la transformation des champs en pâturage. La putréfaction des herbages qui y ont crû naturellement, celle des vers et des » insectes qui s'y logent, et les excréments du bétail qui y » pâture, communiquent au champ une *force de nutrition* » qui est plus ou moins grande, suivant que le sol était en » meilleur état lorsqu'il a été abandonné à lui-même, que » la végétation des herbages y a eu lieu avec plus de » vigueur, et que le bétail y a déposé plus d'excréments...

» 3° Par une jachère morte d'été avec les cultures convenables, laquelle non seulement nettoie le terrain, mais

(1) *Cours de Culture*, t. II, p. 2 et suiv.

(2) Traduction française du baron Crud, t. II, § 256, p. 298 et 1830.

» encore lui procure de véritables sucs nourriciers : tant en » soumettant successivement ses différentes parties aux in- » fluences de l'atmosphère, qu'en favorisant la putréfac- » tion des plantes et des racines enterrées par le labour...

» Au reste, sans aucun doute, la jachère absorbe ou » attire les sucs fertilisants de l'atmosphère, et la quantité » de particules nutritives ainsi absorbée est d'autant plus » grande que le sol est dans un état plus prospère ; outre » cela, plus le sol est riche, plus grande est la quantité de » mauvaises herbes qui y poussent et dont la putréfaction » concourt également à l'améliorer ».

Ainsi qu'on le voit, Thaër, qui est si estimé comme agriculteur, attribue les bons effets des jachères et des rotations à des produits venant du dehors, et principalement aux principes tirés de l'atmosphère.

Théorie de Decandolle.

Decandolle, guidé par une observation émise par MM. Plenck et de Humboldt, sur l'habitude des plantes, a conçu une théorie des assolements qu'il a fait connaître et qui a été appuyée par quelques expériences physiologiques, entreprises par M. Macaire-Princep, de Genève.

Decandolle s'exprime ainsi : (1)

« M. Brugmans, ayant mis des plantes dans du sable sec, » a vu des gouttelettes d'eau suinter de l'extrémité des » radicules..... Les racines présentent elles-mêmes dans » quelques plantes des sécrétions particulières ; c'est ce » qu'on observe dans le *carduus arvensis*, l'*inula helenium*, » le *scabiosa arvensis*, plusieurs euphorbes et plusieurs » chicoracées..... Il semble que ces sécrétions des racines

(1) *Flore française*, par de La Marck et Decandolle, p. 167 et 191.

» ne soient que les parties des sucs propres qui, n'ayant
» pas servi à la nutrition, sont rejetés au dehors lors-
» qu'elles arrivent à la partie inférieure des vaisseaux.
» Peut-être ce phénomène, assez difficile à voir, est-il
» commun à un grand nombre de plantes. MM. Plenck et
» de Humboldt ont eu l'idée ingénieuse de chercher dans
» ce fait la cause de certaines habitudes des plantes. Ainsi,
» l'on sait que le chardon nuit à l'avoine, l'euphorbe et la
» scabieuse au lin, l'inula aplnée à la carotte, l'érigeron
» âpre et l'ivraie au froment, etc. Peut-être les racines de
» ces plantes suintent-elles des matières nuisibles à la végé-
» tation des autres. Au contraire, si la salicaire croît vo-
» lontiers près du saule, l'orobanche rameuse près du
» chanvre, n'est-ce pas que les sécrétions des racines de ces
» plantes sont utiles à la végétation des autres ? »

M. Macaire, qui a eu connaissance de la théorie de Decandolle avant qu'elle fût publiée, soit par des leçons faites par ce savant, soit par la communication de ses manuscrits, a fait plusieurs expériences pour s'assurer de sa réalité (1).

Voici le résumé succinct de ces expériences :

« Les racines d'une plante, plongées dans de l'eau de
» pluie contenant de l'acétate de plomb, ou dans de l'eau
» de chaux, absorbent ces produits; après avoir été lavées
» et plongées dans de l'eau de pluie simple, elles en aban-
» donnent des quantités appréciables par les réactifs.

» La mercuriale *(mercuriales annua)*, le seneçon *(sene-
» cio vulgaris)*, le chou et d'autres plantes furent soumises
» aux essais suivants : leurs racines, après avoir été bien
» lavées à l'eau distillée, furent plongées, une partie dans

(1) *Ann. de ch. et de physique*, t. 52, p. 225 et suiv.

» une dissolution d'acétate de plomb, l'autre dans de l'eau » pure. Après quelques jours, l'eau pure essayée précipita » notablement par l'hydrosulfate d'ammoniaque.

» Diverses plantes plongées dans l'eau de pluie par leurs » racines lui abandonnent une matière extractive variable. » Les légumineuses en donnent d'une manière notable et » les graminées en donnent fort peu.

» Des graminées plongées par leurs racines dans une » eau colorée par le séjour des légumineuses, finissent par » la décolorer et ne s'en trouvent pas mal. »

Jugeant ensuite par les quantités des matières abandonnées à l'eau de l'effet produit par les légumineuses, M. Macaire s'exprime ainsi :

« En supposant, comme je le crois par mon essai, que » l'exsudation des racines des légumineuses cultivées aide à » la nourriture du blé, je serais disposé à conjecturer, d'a- » près la quantité relative de ces exsudations, que la fève » produira le plus beau blé, puis le pois, puis le haricot. » Je ne suis pas agriculteur assez praticien moi-même pour » savoir si l'expérience a confirmé cette manière de voir. »

L'observation rapportée par Pline, qu'un champ peut toujours produire en y cultivant alternativement du blé et des fèves, est en rapport avec la remarque de M. Macaire. Cependant, analysons les expériences qui précèdent. Quelques-unes d'entre elles démontrent ce que l'on savait d'ailleurs, que les plantes peuvent sucer des produits anorganiques et les rendre sans altération ; celles-ci n'ont véritablement aucun rapport direct avec la théorie de M. Decandolle. Les secondes s'y rattachent davantage ; mais si l'on considère, 1° que ce sont de simples expériences physiologiques de peu de durée et qu'elles ont été faites dans des conditions qui ne sont point celles de l'agriculture, elles devront paraître d'un bien faible poids ; 2° que les engrais, qui seraient comparables aux matières excrémentitielles des plantes, n'agissent qu'après un temps fort long et lorsqu'ils ont subi une altération profonde qui les réduit à l'état de produits véritablement anorganiques, et que cette condition spéciale, qui ne s'oppose nullement à la réalité de la théorie de M. Decandolle, n'a pu se rencontrer dans les expériences de M. Macaire ; 3° que les produits organiques particulaires ne sont point absorbés par les plantes ; et qu'il doit en être ainsi des matières mucilagineuses ou visqueuses qui exsudent de leurs racines (1) ; qu'il doit résulter de cet ensemble de faits que les expériences de M. Macaire, intéresssantes en elles-mêmes, ne peuvent confirmer d'une manière bien évidente la théorie de M. Decandolle ; enfin, on peut objecter en masse à cette théorie, que dans des terres neuves le froment et la canne à sucre ont pu être cultivés pendant un grand nombre d'années de suite, sans que l'on ait eu besoin de recourir à la jachère pour obtenir la destruction des matières excrémentitielles de ces plantes, ni de les alterner avec d'autres plantes. Toutefois, cette théorie paraît avoir une valeur réelle, et si elle n'est point démontrée d'une manière bien rigoureuse, les faits sur lesquels elle se fonde ne peuvent être sans influence sur l'association et la rotation des plantes.

Théorie de M. Liebig.

M. Liebig, dans l'ouvrage intitulé : *Chimie appliquée à la Physiologie végétale et à l'Agriculture*, a consacré deux articles spécieux, l'un à la théorie des jachères, l'autre à celle des assolements.

---

(1) Voir mon *Traité de Chimie*, t. II, p. 842 et suivantes.

Voici un extrait textuel de cet ouvrage remarquable :

» Le sol doit fournir aux plantes un certain nombre de » combinaisons chimiques qui sont nécessaires à leur exis- » tence.

» Le blé, le trèfle, le navet exigent du sol certaines » substances sans la présence desquelles ils ne prospèrent » point.

» La science enseigne comment on découvre ces substan- » ces par l'examen des cendres végétales. Lorsque l'analyse » d'un terrain y démontre l'absence de ces substances, on » apprend par là aussi la cause de la stérilité de ce terrain » et en même temps les conditions à remplir pour y remé- » dier.

» Lorsqu'on laisse reposer les terres en jachères, les prin- » cipes de l'atmosphère exercent sans cesse une action chi- » mique sur les parties solides du terrain... Ces actions » chimiques se font peu à peu ; il leur faut du temps pour » qu'elles s'accomplissent.

» Les opérations du labourage favorisent ces réactions » en mettant en contact le sol et l'atmosphère.

» La chaux rend les silicates solubles et propres à être » assimilés par les végétaux.

» La calcination des terrains argileux accroît aussi leur » fertilité.

» *Le mot jachère, pris dans son acception la plus large,* » *signifie donc cette période de la culture où l'on abandonne le* » *sol aux influences atmosphériques pour qu'il s'enrichisse de* » *certaines substances solubles.*

» La sève de tous les végétaux riches en sucre ou en fé- » cule est chargée de potasse, de soude ou de terres alca- » lines. Les alcalis ne sont point accidentels ; ils servent » au contraire à certaines fonctions de l'organisation végé-

» tale ; ils sont indispensables à la formation de certaines » combinaisons (*les acides organiques, le sucre, la fécule,* » *la pectine*).

» Il est certainement fort remarquable que les substan- » ces azotées et sulfurées que nous avons désignées sous le » nom de principes sanguifiables organiques (*l'albumine,* » *la caséine, la fibrine*) soient toujours accompagnées de » *phosphate* dans les parties végétales.

» Le *suc* des pommes de terre et des betteraves renferme » de l'albumine végétale, accompagnée de sels à base d'al- » cali et de phosphate de magnésie soluble ; de même dans » les lentilles, les pois, les haricots, les graines des céréa- » les, on rencontre des phosphates à bases d'alcalis et de » terres alcalines.

» Les graines et les fruits qui sont les plus riches en » principes organiques sanguifiables contiennent aussi les » phosphates en abondance ; les plantes au contraire qui, » comme les pommes de terre et d'autres racines sembla- » bles, ne renferment ces principes qu'en très faible pro- » portion, contiennent aussi ces sels minéraux en quantité » bien moindre.

» La présence simultanée de ces deux classes de combi- » naisons est si constante, qu'on n'en saurait nier la con- » nexion intime. Il est très probable que la formation et le » développement des principes sanguifiables organiques se » lient étroitement à la présence des phosphates dans l'or- » ganisation végétale.

» La croissance et le développement complet des diffé- » rentes espèces végétales exigent, soit les mêmes substan- » ces minérales, mais en proportions inégales ou dans des » temps inégaux, soit des substances minérales différentes. » Cette différence dans les substances minérales que le sol

» doit offrir aux plantes est cause que certaines d'entre elles » se nuisent dans leur accroissement, tandis que d'autres » prospèrent ensemble avec vigueur.

» Il est clair que deux plantes qui ont besoin, dans le » même temps, de proportions égales des mêmes substan- » ces, se partageront les principes du sol lorsqu'elles croî- » tront ensemble dans le même terrain. Ce qui est absorbé » par l'organisme de l'une ne peut naturellement pas être » utilisé par l'autre.

» Deux individus de même espèce, croissant l'un près de » l'autre, se nuisent réciproquement..... Sous ce rapport, » aucune plante ne nuira tant au froment que le froment » lui-même; aucun végétal ne sera plus nuisible à la pomme » de terre que la pomme de terre elle-même.

» Le même cas se présente naturellement lorsque, au » lieu de cultiver les mêmes plantes ensemble, on les fait » venir plusieurs années de suite dans le même terrain.

» On peut cultiver deux plantes ensemble ou successi- » vement sur le même terrain, si elles exigent en temps » égal des quantités inégales des mêmes principes. Elles ne » se nuiront pas, mais prospèreront même fort bien en- » semble, si leur accroissement exige des principes miné- » raux différents.

» Lorsque dans un terrain renfermant des silicates d'une » désagrégation difficile ou lente, la silice, nécessaire à » une récolte de froment, ne devient soluble par l'action de » l'atmosphère qu'au bout de trois ou quatre ans, on n'y » pourra cultiver cette céréale que de trois en trois ans...

» Il résulte de ce qui précède que *le principal avantage* » *des assolements consiste dans les proportions inégales de* » *substances minérales enlevées au sol par les plantes cultivées* » *alternativement dans le même terrain.* »

Il faut sans doute ajouter, pour compléter le sens des citations précédentes, que le sol épuisé de substances minérales solubles pour une espèce déterminée, peut cependant en recevoir une suite d'autres pouvant s'assimiler des principes différents, jusqu'à ce que, par l'action combinée de la culture et de l'atmosphère, il ait récupéré les principes qu'il avait perdus.

Il faut ajouter que M. Liebig fait remarquer que le sol arable doit généralement son origine à des roches désagrégées, et que la plupart de ces roches étaient riches en alcali; il fait même cette observation, qu'un seul mètre cube de felspath pourvoit de potasse pendant trois cent vingt ans une forêt de chênes de 25,000 mètres de superficie.

M. Liebig admet encore que le sol contient tous les éléments minéraux utiles aux végétaux, et l'on doit conclure immédiatement de cette assertion, qu'une fois épuisé il le serait sans retour.

Je tiens à noter ce fait, car en lui consiste une des principales différences existant entre sa théorie et celle qui sera discutée à la fin de cet article.

Théorie de M. Boussingault.

M. Boussingault a aussi écrit sur la théorie des assolements (1).

Voici quelques extraits du travail de cet agronome :

« Les plantes soutirent probablement de l'atmosphère » beaucoup plus que ne le supposent généralement les agri» culteurs, et le sol fournit à la végétation, indépendam» ment des substances salines et terreuses, une proportion de

(1) *Annales de Chimie et de Physique*, troisième série, t. Ier, p. 208; *Economie rurale*, t. II, p. 255.

» matière organique supérieure à ce qu'on pourrait imagi- » ner d'après les suppatations de certains physiologistes. Il » est même à peu près certain, d'après les observations que » j'ai recueillies sur l'emploi du *guano*, pendant mon sé- » jour sur la côte du Pérou, que la majeure partie des prin- » cipes azotés des plantes a pour origine les sels ammonia- » caux qui existent ou se forment dans les engrais.

» Lorsque, par une culture rationnelle, on est arrivé à » posséder des terres fertiles, il faut, pour entretenir cette » fertilité, leur rendre périodiquement, après chaque suc- » cession de récoltes, des quantités égales d'engrais. En » envisageant cette condition sous un point de vue pure- » ment chimique, on peut dire que le produit que l'on peut » exporter sans nuire à la fertilité du terrain est la matière » organique contenue dans les récoltes, déduction faite de » la matière organique qui se trouvait dans les engrais. En » effet, cette dernière matière, sous une forme ou sous une » autre, doit retourner dans le sol pour le féconder de nou- » veau.

» Un des avantages marqués de la culture alterne, c'est » de cultiver périodiquement des *plantes améliorantes*. C'est » en faisant alterner, autant que possible, ces plantes avec » les cultures qui épuisent le sol, que le cultivateur répare, » en partie du moins, les pertes éprouvées par le terrain. Ce » qu'il convient de chercher dans un assolement, c'est un » système qui permette de produire le plus de matière végé- » tale avec le moins d'engrais et dans le plus court espace » de temps possible. Or, on ne peut réaliser un tel système » qu'en cultivant, dans le cours de la rotation, des plantes » qui puisent considérablement dans l'atmosphère.

» En théorie, l'assolement le plus avantageux est celui » dont la quantité de matière organique produite dans le

» cours de la rotation excède le plus la quantité de matière
» organique introduite dans le sol à l'état d'engrais. Ce qui
» revient à dire que le meilleur assolement est celui qui pré-
» lève le plus sur l'air. »

Il est facile de saisir les différences des théories émises,
l'une par M. Liebig ; l'autre par M. Boussingault. Selon
M. Liebig, 1° les matières organiques ne peuvent se former
sans la présence des matières minérales ; 2° les matières organiques en se formant enlèvent au sol des substances minérales qui l'appauvrissent ; 3° les matières minérales convenables à l'accroissement des plantes se reproduisent par la dé-
sorganisation des éléments du sol. M. Boussingault ne tient
aucun compte de ce rôle important et bien réel des matières minérales, et il porte uniquement son attention sur les
matières organiques ; il pense qu'elles sont nécessaires au
sol et qu'on n'appauvrit ce dernier que lorsqu'on en diminue la quantité.

Sans repousser ce qu'il peut y avoir de fondé dans l'opinion de M. Boussingault, on ne peut s'empêcher de faire
remarquer que les matières minérales sont indispensables
à la formation des matières organiques, et que l'on peut
affirmer que *les plantes qui prennent le plus à l'atmosphère
sont aussi celles qui prennent le plus à la terre.* Ces plantes
appauvrissent donc le sol de toutes les manières.

Opinion de M. Puvis.

L'origine des matières minérales utiles aux végétaux
n'est point si facile à trouver que Puvis, notre illustre agronome, n'ait cru devoir annoncer qu'elles se formaient de
toutes pièces. Voici comment il s'exprime (1) :

(1) *Des différents moyens d'amender le Sol*, Paris, 1837, p. 37 et 36.

« Il résulte de ce qui précède, que les sels se forment » dans le sol ou dans les végétaux : ainsi tous les jours nous » voyons les nitrates de potasse et de chaux se former sous » nos yeux, dans le sol ou ailleurs, sans que rien nous indi- » que l'origine de la potasse qu'ils contiennent ; ainsi la po- » tasse elle-même se reforme spontanément dans les cendres » lessivées, d'après les observations du chimiste Gehlen (1). » Nous les voyons encore se renouveler dans les nitrières » artificielles, avec le secours de l'exposition à l'air et de » l'humidité ; mais c'est la présence de la chaux qui déter- » mine plus particulièrement cette formation.

» Les nitrates abondent dans les débris de démolition ; » ils se forment dans les murs et dans toutes les parties des » bâtiments placés en lieux humides ; ils effleurissent sur » les bâtiments de craie, en Champagne ; ils se produisent » spontanément dans les terres du royaume de Murcie. »

Suivent un grand nombre de citations à l'appui.

Rien ne prouvant la simplicité des éléments chimiques actuels, rien ne prouve non plus l'impossibilité de cette théorie. Il faut même dire plus : elle est appuyée de l'opinion de Berzélius, pour ce qui concerne la nitrification. Voici comment cet illustre chimiste s'exprime dans son traité de chimie (2) :

« ... Quand le terrain est bon à exploiter, il donne quatre onces de nitre par pied cube. On prétend avoir remarqué qu'on obtient dans ce cas plus de nitrate potassique

(1) Gehlen ignorait sans doute que les cendres lessivées contenaient du silicate de potasse, dont je pense y en avoir le premier démontré la présence, et que le sel de potasse obtenu ultérieurement provenait de la destruction lente du silicate.

(2) *Traité de Chimie*, traduit par Valérius. Bruxelles, 1838, t. Ier, p. 559, 1re colonne.

» que n'en pourrait fournir la quantité de potasse primiti-
» vement contenue dans la terre. Si cette observation était
» exacte, ce serait une nouvelle preuve de la formation des
» alcalis par des voies qui ne nous sont pas connues. »

La nitrification ou la formation du nitre a plus d'un point de contact avec celle des jachères et des assolements. Je dois l'avouer, si l'observation rapportée par Berzelius était bien fondée, la théorie que je vais m'efforcer d'exposer serait elle-même insuffisante et il faudrait avoir recours à celle de Paris pour la compléter.

Engrais verts enfouis sur place.

La théorie des engrais verts est intimement liée à celle des jachères. En effet, si l'on peut expliquer comment le sol peut être enrichi par une jachère, on expliquera de même comment il peut l'être par les engrais verts.

Depuis l'époque romaine, on sait que des plantes cultivées dans un sol et enfouies dans ce même sol peuvent l'améliorer beaucoup plus que ne le ferait une simple jachère : c'est là un fait incontestable.

Plusieurs espèces de plantes ont été essayées pour faire des engrais verts, et l'on a reconnu généralement que les légumineuses, et surtout les lupins, méritaient la préférence.

On ne laisse point fructifier la plante et on l'enfouit lorsqu'elle est en fleurs.

Les organes de la végétation des légumineuses cultivées sont généralement ceux qui se développent le plus, et l'on trouve également qu'à poids égal ils contiennent généralement aussi plus d'azote que ceux d'autres plantes.

Ces notions, jointes à celles exposées précédemment, suffisent pour donner une idée nette du rôle important que les courants interstitiels du sol jouent dans cette circonstance.

Les plantes, par l'action de leurs radicules qui plongent dans le sol et s'y étendent dans une foule de directions, augmentent l'activité des courants qui le parcourent : à mesure que du liquide est enlevé par l'absorption et exhalé sous forme de vapeurs à la surface des feuilles, de nouveau liquide le remplace.

Ce mouvement, qui n'aurait point eu lieu au même degré sans la présence des plantes qui couvrent le sol, enrichit ce dernier de toutes les matières qu'elles y ont attiré et qui n'y seraient point venues sans elles.

Le rôle de la végétation ne se borne point là : elle désagrége le sol et fait naître des réactions chimiques qui l'attaquent bien plus fortement qu'il n'aurait pu l'être sous la seule influence de l'atmosphère. Il résulte de ce deuxième mode d'action, une nouvelle quantité de matières minérales propres à l'alimentation des végétaux.

Si l'on passe maintenant au rôle de la matière organique prélevée sur celle qui restait dans le sol et sur l'atmosphère, on voit facilement que si les végétaux sont enfouis sur place, ils livrent non-seulement des éléments minéraux propres à une nouvelle culture, mais aussi une nouvelle quantité de matière organique qui facilite toutes les réactions par sa décomposition, et ajoute beaucoup à ce qui peut être pris ultérieurement sur l'atmosphère.

Ce peu de mots suffit pour faire comprendre la fonction des courants interstitiels du sol, comment ils peuvent enrichir ce dernier en matières minérales et en matières organiques sous l'influence de la végétation, et par suite comment les engrais verts enfouis sur place peuvent être utiles à une culture ultérieure.

Examen analytique de la théorie des rotations et des jachères.

Il ne faut point un examen bien approfondi pour voir que la cause qui nécessite les jachères réside dans le sol. En effet, deux champs contigus, soumis aux mêmes influences atmosphériques, peuvent se présenter dans de telles conditions que l'un d'eux puisse recevoir du froment et que l'autre nécessite une jachère, ou une plante dite améliorante, ou de l'engrais.

Si cette cause réside dans le sol, vient-elle de produits abandonnés par les plantes que l'on y a cultivées ou de ce que ces mêmes plantes ont enlevé des produits qui ne s'y trouvent plus?

On a vu précédemment que M. Decandolle avait eu la pensée que les matières excrémentitielles abandonnées par les plantes pouvaient être la cause qui nécessitait les rotations agricoles. La théorie de ce savant ne rend pas un compte suffisant de toutes les observations, puisque la canne à sucre a pu être cultivée dans les mêmes terres pendant plusieurs siècles, et puisque le blé l'est encore aujourd'hui dans quelques provinces de l'Espagne et de bien d'autres pays sans doute. Cependant, si les faits signalés par M. Decandolle n'ont pas toute l'importance qu'on leur a d'abord attribuée, ils ne méritent pas moins d'être pris en considération; mais ce n'est point en eux qu'il faut chercher la cause principale qui nécessite les rotations.

Il reste maintenant à voir quels peuvent être les produits enlevés par les plantes et si la nature a quelque moyen pour réparer les pertes éprouvées par le sol.

Les matières enlevées au sol par les plantes peuvent être organiques ou minérales; elles peuvent aussi être tout à la fois minérales et organiques, comme cela a lieu dans la plupart des cas.

Avant de passer outre, il importe de juger l'importance relative des matières minérales et des matières organiques, considérées comme aliments des plantes.

Les matières organiques ne peuvent être indispensables à la végétation, puisque les premières plantes qui ont paru à la surface du globe n'ont pas eu d'autre aliment que l'atmosphère et les matières minérales qu'elles ont puisé dans le sol ; puisque bien des fois des expérimentateurs ont créé des sols artificiels complètement privés de matières organiques et que des plantes ont pu y croître et fructifier. Il est d'ailleurs des sols très riches en humus, comme la terre de bruyère, qui sont impropres à la culture de certaines plantes. Il y a d'autres sols privés de matières organiques, qui peuvent cependant recevoir des céréales, ainsi que cela se voit en Espagne et particulièrement en Aragon, où l'on récolte le blé le plus beau et le meilleur que l'on puisse voir. Il n'y a pas d'ailleurs de sol arable plus pauvre en matières organiques que celui du département du Nord, dont l'agriculture est si profitable à ses habitants.

La plupart des arbres de nos forêts croissent généralement dans des sables plus ou moins argileux et presque toujours privés de matières organiques. Ne sait-on pas encore que, pour des sols donnés et même privés de matière organique, il est des engrais purement anorganiques, tels que la chaux, la marne, l'argile cuite, le plâtre ; les cendres rouges de Picardie, les cendres des divers combustibles, des phosphates et plusieurs sels à bases de chaux, de magnésie, de potasse et de soude. Ne sait-on pas enfin que les végétaux peuvent tirer leurs éléments combustibles de l'atmosphère ?

Toutes ces considérations réunies ne disent-elles pas que les matières organiques ne sont point indispensables à la végétation.

On peut dire encore plus : des matières organiques, privées de matières minérales, seraient incapables d'entretenir la végétation ; car les matières organiques ne peuvent se fixer dans un végétal et entrer dans la constitution de ses organes, sans y être fixées par de la matière minérale !

Cependant il serait irrationnel de conclure que les matières organiques sont inutiles à l'agriculture; au contraire, il faut reconnaître qu'elles lui sont indispensables ; car si l'on peut, dans des conditions spéciales, faire produire à la terre des récoltes suffisantes, sans le concours des matières organiques, il arrive bientôt que la terre est épuisée. Autre chose est d'entretenir la vie de quelques végétaux ou de les produire en quantité profitable à l'agriculteur !

Mais, par la culture, le sol s'épuise de matières organiques comme de matières minérales. La nature ne forme point les premières sans emprunter le secours des dernières : il faut des matières minérales pour fixer les matières organiques dans les plantes.

Comment la terre peut-elle donc s'améliorer pendant une jachère? Comment les rotations et les engrais peuvent-ils donc permettre une culture non interrompue?

Quand la terre est épuisée, comment s'enrichit-elle sans l'intervention d'un seul secours étranger?

On vient de voir que, même en reconnaissant l'utilité des matières organiques dans le sol, que la production de ces matières est subordonnée à celle des matières minérales! Il reste donc à voir si ces dernières matières existent dans le sol.

Les matières organiques n'étant point indispensables à

la production végétale, il faut donc, ainsi que M. Liebig l'a fait voir, que la cause des jachères et des assolements soit dans les matières minérales du sol arable. Mais cela veut-il dire que ces matières existent nécessairement dans le sol où les végétaux les prennent, et qu'elles ne deviennent aptes à l'assimilation qu'après avoir subi une désagrégation opérée par l'atmosphère ?

A cette énonciation si précise j'opposerai les faits suivants :

A Marigny, près Compiègne, on cultive de la vigne sur une colline dont le sol arable, formé de sable argileux, n'a souvent pas un décimètre d'épaisseur et repose immédiatement sur un banc de craie dont la hauteur verticale est considérable. Le vin de ce pays est remarquable par son acidité, qui est en grande partie due, ainsi qu'on le sait, à du tartrate hydropotassique.

Dans le département de la Marne, la vigne, si célèbre par les vins mousseux qu'elle donne, est cultivée dans des circonstances tout-à-fait semblables.

Est-il possible que la mince couche de terre meuble qui vient d'être signalée ait pu produire toute la potasse qui a été soustraite au sol par les nombreuses récoltes de raisin qui ont été faites sans doute depuis un grand nombre de siècles ?

Le sol des forêts n'est jamais remué; les arbres de nos places publiques et de nos promenades sont généralement entourés d'une terre battue, dure et imperméable, qui ne peut être modifiée par les agents atmosphériques : cependant ces arbres croissent et trouvent dans le sol tous les éléments minéraux nécessaires à leur existence.

Ces observations démontrent de la manière la plus évidente que la théorie de M. Liebig, quoique vraie entre certaines limites, n'en est pas moins insuffisante.

Mais si les éléments minéraux qui conviennent aux végétaux ne se trouvent point dans le sol arable, d'où peuvent-ils donc venir ?

On peut répondre maintenant avec assurance qu'ils leur sont apportés par les courants interstitiels des couches corticales du globe.

Théorie générale des rotations et des jachères.

Quoique les courants interstitiels du sol jouent un rôle considérable dans la végétation, ce serait commettre une faute que d'admettre qu'ils suffisent à eux seuls pour tout expliquer.

L'histoire des sciences démontre qu'une exclusion systématique de cet ordre n'a jamais été profitable à son auteur que pendant un temps très court. Autant pour éviter cet excès que pour dire vrai, il faut reconnaître que les principales théories émises jusqu'à ce jour pour rendre compte de l'action des jachères et des rotations expriment chacune un fait vrai, mais que toutes ont été insuffisantes. Il en serait de même de l'application nouvelle des courants interstitiels du globe, si l'on voulait tout expliquer par elle. Il faut remarquer d'ailleurs que l'agriculture, considérée comme science, ne fait que naître, et que loin de la croire bornée à nos faibles connaissances actuelles, il faut espérer qu'elle prendra un nouveau développement, dont nous ne pouvons prévoir actuellement ni l'étendue, ni les limites.

La connaissance des courants interstitiels et des effets qu'ils produisent sur la végétation n'est donc qu'un nouvel ordre de faits ajouté à ceux que l'on connaissait déjà, et pouvant servir à compléter des théories qui offrent un grand intérêt à l'agronome qui désire se rendre raison de ce qu'il voit.

Il est facile maintenant de résumer ce que l'on sait sur les jachères et les rotations. Ce qui a été dit sur les engrais verts en a préparé la voie, et il n'y a que peu de mots à ajouter.

Considérons ce que doit être un sol neuf que l'on se propose de défricher, et voyons d'abord les éléments qui entrent dans sa constitution.

Un tel sol se compose : 1° des roches désagrégées qui en forment la masse principale ; 2° des matières minérales que les courants interstitiels lui ont apportées ; 3° de matières organiques produites sur le sol même et qui en font partie sous forme de détritus.

Une partie des matières apportées par les courants interstitiels est demeurée sans emploi dans le sol ; une autre partie s'est fixée dans les plantes et se trouve dans le sol avec l'humus qu'elles ont produit. Cet humus contient aussi une partie des éléments propres du sol.

Si l'on cultive ce sol, en renouvelant sa surface et l'amenant au contact de l'atmosphère, une foule de phénomènes se passent : une partie de l'humus est brûlé, de l'ammoniaque et de l'acide carbonique sont produits, des matières minérales se dissolvent, les végétaux se développent.

Les végétaux, en se développant, prennent non seulement les éléments dits organiques à l'atmosphère, ils en prennent aussi une partie au sol, et lui enlèvent en même temps des matières minérales.

Si l'on récolte les végétaux, si on les enlève au sol sur lequel ils ont pris naissance, si l'on en cultive de nouveau sur ce sol sans lui ajouter rien autre chose que la semence, des boutures ou des bourgeons quelconques, les récoltes succesives l'appauvriront nécessairement des matières organiques et de la matière minérale disponible qu'il contenait. Il pourra ainsi en peu d'années être amené à être moins riche qu'au moment de sa formation géogénique ; car il aura perdu jusqu'à une partie de ses propres éléments.

Si on laisse reposer le sol, l'atmosphère réagit sur lui et en désagrége les éléments, les pluies lui apportent une foule de matières utilisables par les plantes, les produits excrémentitiels abandonnés par les cultures précédentes se putréfient et passent à l'état d'engrais ; les courants interstitiels apportent de nouvelles matières, les plantes spontanées ou celles semées avec intention activent ces courants et enrichissent le sol par les moyens qui ont été indiqués précédemment en parlant des engrais verts, moyens qu'il est inutile de reproduire ici.

Si au lieu d'abandonner le sol à la jachère on lui ajoute des engrais ; si ces engrais renferment les éléments convenables pour réparer, au moins en partie, les pertes éprouvées par le sol, de nouvelles plantes pourront être cultivées, même sans interruption, ainsi que cela se fait dans le nord de la France.

Les matières employées pour faire les engrais ordinaires exigent plusieurs années pour être complètement détruites.

Les produits organiques qu'elles abandonnent vont en diminuant et sont presque toujours les mêmes : de l'acide carbonique et de l'ammoniaque. Cependant plusieurs produits azotés ont une tendance à se détruire avant ceux qui ne le sont pas.

Les matières minérales étant utilisées d'une manière fort inégale, selon les plantes qui se les approprient, varient beaucoup pendant le cours d'une rotation : la première récolte enlève ce qui convient à la formation des tissus organiques des plantes qui la composent. Comme les différentes espèces de matières minérales des engrais, jointes à celles fournies par les courants interstitiels et à celles données par le sol même, ne se trouvent pas dans le même rapport que celles enlevées par la récolte ; comme la végétation a d'ailleurs modifié la constitution de plusieurs d'entre elles, et qu'*après tout elles ne retournent pas toujours dans le sol dans l'état de combinaison chimique où elles étaient en entrant dans le végétal* ; comme ce végétal a pu abandonner des produits organiques qui lui seraient nuisibles si on le semait une deuxième fois dans le même sol, la récolte serait moins abondante, et il arriverait pour ce sol, qui aurait été fumé, la même chose qui vient d'être exposée pour un sol que l'on défriche.

Si à une plante déterminée on en fait succéder une autre qui n'emploie pas les matières minérales en même quantité, ni *dans le même rapport ou dans le même état de combinaison*, cette deuxième récolte pourra prospérer ; il en sera de même pour une troisième et même une quatrième dont on aura changé l'essence, jusqu'à ce que l'engrais soit épuisé. Ces faits sont les causes qui nécessitent les rotations. Après une rotation plus ou moins prolongée, on fume la terre, on en recommence une nouvelle, et ainsi de suite.

MODIFICATION DES FLORES APPARUES SUCCESSIVEMENT A LA SURFACE DU GLOBE TERRESTRE.

La partie corticale du globe terrestre accessible à l'investigation de l'homme, comprend essentiellement quatre espèces de terrains, qui se distinguent les uns des autres par leur nature, leur structure, leur texture et leur mode de formation.

Ces terrains sont :

1° Les *terrains cristallisés*, essentiellement formés de

quartz, de felspath et de mica, associés et agrégés de différentes manières, quelquefois seuls, quelquefois mélangés deux à deux, comme le felspath et le mica dans les gneiss, le felspath et le quartz dans les pégmatites, le quartz et le mica dans les micaschistes; quelquefois réunis tous trois ensemble, comme dans les granites; quelquefois, enfin, associés avec d'autres roches. Ces terrains ont pu n'être pas formés dans le même temps, ni par les mêmes moyens; ils peuvent quelquefois être superposés les uns sur les autres, mais d'une manière indéfinie, et qui n'indique généralement pas une véritable *subordination*;

2° Les *terrains stratifiés*, formés de couches d'une grande étendue, d'une épaisseur variable, mais quelquefois très puissante.

Les éléments de ces terrains sont essentiellement pulvérulents, plus ou moins agrégés, quelquefois arénacés comme les sables, quelquefois réunis de manière à constituer des pierres très solides, très résistantes et que nous employons dans les constructions.

Les couches ou les strates de ces sortes de terrains sont généralement parallèles les unes aux autres et sont horizontales ou plus ou moins inclinées relativement à l'horizon.

Les terrains stratifiés ont été produits, à n'en pas douter, par des matières *sédimentaires*, c'est-à-dire par des débris de roches plus ou moins pulvérulents, qui se sont déposés au sein des eaux qui couvraient le globe à l'époque de leur formation;

3° Les *alluvions*, formées de sable et de cailloux plus ou moins roulés, d'origine et de composition diverses, qui encaissent les lits des fleuves et des rivières.

Les alluvions ne sont point sans analogie avec les terrains stratifiés; mais elles sont généralement moins étendues et forment plutôt des amas que des couches proprement dites ;

4° Les *terrains volcaniques*, essentiellement formés de roches spumeuses et scoriacées, telles que les basaltes, les laves et les trachytes.

Les quatre ordres de terrains qui viennent d'être indiqués peuvent exister à la surface du globe. Ils sont souvent aussi recouverts les uns par les autres dans un ordre déterminé : les terrains stratifiés reposent toujours sur les terrains cristallisés ; l'inverse n'a jamais lieu que dans un espace très circonscrit et d'une manière tout-à-fait accidentelle.

Les couches qui composent les terrains stratifiés sont loin de se ressembler toutes et présentent une *subordination* déterminée les unes à l'égard des autres.

Entre les terrains cristallisés et les terrains stratifiés, il existe un cinquième ordre de terrain, formé du mélange de ces deux sortes de terrains et de roches stratifiées qui ont été altérées par le feu.

Ces terrains sont généralement privés de fossiles, et Werner, qui a le premier classé les différents terrains que l'on remarque à la surface du globe, leur a donné le nom de *terrains de transition*. On les nomme encore terrains *intermédiaires*, et les parties formées par les eaux et ultérieurement altérées par le feu, ainsi que je l'ai indiqué dans mon traité de minéralogie (1), portent aujourd'hui le nom de *terrains métamorphiques*, nom qui rappelle l'espèce de métamorphose qu'ils ont éprouvée.

A différents étages des terrains stratifiés, on trouve des matières combustibles, riches en carbone, telles que l'*anthracite*, la *houille*, le *lignite* et la *tourbe*.

---

(1) *Traité élémentaire de Minéralogie*, p. 201 et suivantes.

L'anthracite existe sous forme d'amas, généralement circonscrits, dans les terrains métamorphiques, et s'élève rarement jusque dans les terrains stratifiés; on en a trouvé cependant à Anzin, département du Nord, dans une mine exploitée par un puits situé à la *Bleuse-Borne* (1), sur la route de Bruai.

La houille, généralement *stratifiée*, est cependant quelquefois en *amas*. Il peut y en avoir plusieurs couches dans un même lieu, et elle alterne souvent avec un grès micacé, noirâtre, et des schistes luisants, à structure feuilletée peu prononcée.

En Angleterre, dans une partie de l'Allemagne, en Belgique et dans le département du nord de la France, la houille *repose sur un calcaire* très dur, subcristallisé, d'une couleur bleu noirâtre, parsemé de fossiles et notamment d'articles de tiges d'encrines, que l'on y observe sous la forme de petites étoiles blanches. Ce calcaire a reçu les noms de *marbre noir*, de *calcaire carbonifère* et de *calcaire à encrines*.

Dans le centre de la France, on ne rencontre plus le calcaire à encrines, et la *houille repose immédiatement sur des roches cristallisées*, telles que le granite, le *gneiss* et le *micaschiste*.

Dans le département de l'Aveyron, la houille alterne simplement avec un schiste tendre et peu coloré.

On a douté pendant long-temps de l'origine de la houille. Aujourd'hui il n'existe plus un seul doute à cet égard, et l'on sait qu'elle a été produite par des amas de végétaux qui se sont trouvés enfouis lors des révolutions éprouvées par le globe. Les preuves sont nombreuses. On a :

(1) Borne-Bleue, en patois du pays.

1° La nature chimique de la houille, riche en carbone et combustible comme les végétaux ;

2° La distillation de la houille, qui donne un résidu de charbon (coke), des gaz combustibles et un produit liquide, en partie aqueux et en partie goudronneux, analogues aux produits donnés par le bois dans les mêmes circonstances [g].

3° Les schistes qui accompagnent la houille portent généralement les empreintes d'une foule de plantes fossiles qui représentent, à n'en pas douter, celle qui produit ce combustible. Ces empreintes sont là comme pour témoigner de l'origine de ce fossile. On dirait que la nature, en détruisant ses propres œuvres, a cependant voulu en conserver la tradition.

4° On pourrait opposer à l'origine actuellement attribuée à la houille, que les schistes houillers ne sont pas la houille elle-même, et que cette dernière est presque toujours compacte et n'a tout au plus qu'une structure feuilletée, qui ne rappelle en rien celle des végétaux.

En 1839, j'ai eu l'occasion d'observer la houille de l'Aveyron : celle du Bolore et celle de Bertholène. Cette houille est formée de feuillets minces produits par le rapprochement d'une foule de fibres parallèles qui lui donnent une apparence soieuse. Cette structure est bien celle de l'organisation végétale, et il ne peut rester aujourd'hui aucun doute sur l'origine de la houille.

5° L'analogie de la houille avec la tourbe, analogie démontrée par Beudant, est encore une preuve convaincante de l'origine organique de la houille.

En en mot, la houille n'est point une *espèce minérale*, mais un amas de matières organiques passées *à l'état fossile*.

Les types des êtres qui sont apparus aux différents âges de la création organique ont beaucoup varié.

Les végétaux qui ont concouru à la formation de la houille n'existent généralement plus à la surface du globe. Non-seulement il en est dont les espèces sont complètement éteintes, mais il en est même dont les familles ou les types sont disparus.

Les principales formes de cette époque se rapportaient à celles des équisétacées, des fougères et des palmiers.

M. Adolphe Brongniart a fait une étude approfondie de ce sujet, qui l'ont conduit à des observations du plus haut intérêt. Ce qui suit est extrait de son travail.

A l'époque où les végétaux qui constituent la houille existaient à la surface du globe, on comptait environ six formes types autour desquelles toutes les espèces venaient se ranger ; aujourd'hui le nombre de ces types est beaucoup plus considérable.

Le nombre des espèces connues des terrains houillers s'élève à environ 250, dont les *fougères* forment un peu plus que la moitié ; parmi celles-ci, la moitié environ était arborescente. Les *lépidodendrées* représentaient le quart des espèces. Les *equisetum* étaient immenses et les lépidodendrons étaient gigantesques, si on les compare aux lycopodiacées actuelles, qui sont les plantes ayant le plus d'affinité avec eux, puisqu'on en a signalé dont les tiges avaient plus de 16 mètres de longueur, tandis que les *lycopodes* sont de petites plantes rampantes analogues aux mousses.

Les espèces de plantes les plus nombreuses de l'époque actuelle sont les dicotylédonées, puis les monocotylédonées, puis les agames, puis les fougères, et enfin les gymnospermes (conifères et cycadées).

Aucune partie du globe ne se trouve maintenant dans

les mêmes conditions que le terrain houiller. Les îles intertropicales et les Antilles sont, selon M. Ad. Brongniart, celles qui s'en rapprochent le plus. Dans les Antilles, les fougères forment un dixième des espèces végétales qui les habitent; tandis qu'au-delà des tropiques, les fougères ne représentent qu'un quarantième des espèces végétales. Au moins c'était là ce que l'on pensait à l'époque où M. Ad. Brongniart a fait connaître sa théorie.

Si l'on étudie les végétaux qui ont existé à des époques de plus en plus rapprochées de la nôtre : dans les strates supérieures à la houille, on commence à rencontrer des plantes gymnospermes qui ne comprennent que deux familles, remarquables par leur aspect et la structure spéciale de leurs tiges, *les conifères et les cycadées*.

Dans le grès rouge supérieur à la houille, on commence à rencontrer les restes d'une plante que l'on pense appartenir au genre *cupressus* (cyprès), de la famille des conifères. Dans l'*oolite*, et notamment dans le *lias*, on a trouvé des troncs d'arbres fossiles dont la structure se rapproche beaucoup de celle des *zamia*, de la famille des cycadées, que l'on trouve encore vivants en Amérique.

En se rapprochant encore plus de notre époque, on trouve des restes de végétaux, et notamment des troncs ou des fragments de troncs d'arbres, dont la structure, facile à reconnaître, est celle des plantes dicotylédonées qui apparaissent pour la première fois [*h*].

Les plantes dicotylédonées sont parvenues jusqu'à nous par la pétrification, qui a transformé leur substance en silice en leur conservant leur structure, ou en amas analogues à la houille et formant une partie des lignites, ou bien par des empreintes dans des matières plastiques.

L'ordre de l'apparition successive des végétaux n'a pu

être observé sans que l'on en ait recherché les causes. Plusieurs savants, à la tête desquels il faut citer M. Adolphe Brongniart, ont émis l'opinion que les modifications survenues dans les flores qui sont apparues successivement à la surface du globe sont dues à deux causes principales :

1° L'abaissement de la température moyenne de la surface de la terre ;

2° Le changement survenu dans la composition de l'atmosphère par l'énorme quantité de carbone qui lui a été soustraite par la formation des tissus organiques des plantes ; carbone que l'on sait provenir en entier de l'acide carbonique de l'atmosphère et qui se trouve enfoui dans les couches corticales du globe [*i*].

Ces causes ont dû exercer une influence considérable sur la végétation, mais elles sont insuffisantes pour expliquer les rotations des flores.

Remarquons d'abord :

1° Que si les houillères sont *en place*, c'est-à-dire si elles sont dans l'endroit même où elles ont pris naissance, elles reposent sur des terrains fort différents les uns des autres, ainsi que cela a été dit ;

2° Que presque toutes les îles intertropicales sont volcaniques, et que l'on ne connaît pas de houillère sur des terrains de cette nature ;

3° Qu'une température élevée dans le sol et une grande quantité d'acide carbonique dans l'air ne sont pas indispensables à la prépondérance d'une *flore* sur une autre. Comme preuve de cette assertion, on peut dire que la Nouvelle-Zélande, qui existe dans l'hémisphère méridional entre 33 et 47 degrés de latitude, c'est-à-dire à une latitude semblable à celle de l'Espagne et du midi de la France, est remarquable par la grande quantité de fougères que l'on y rencontre, et l'on peut même dire que la principale nourriture des habitants de ce pays est une fougère, le *pteris esculenta* de Forster.

Voici comment MM. Lesson et A. Richard s'expriment, relativement aux fougères de la Nouvelle-Zélande (1) :

« Nous ne pouvons nous dispenser de diriger l'attention » des botanistes sur l'identité des fougères, que l'on ren- » contre si abondamment sur les côtes baignées par l'Océan » Pacifique, et particulièrement sur les îles de ce grand » espace, qui semblent des parcelles détachées des grands » continents.

» Ayant été à même de comparer les fougères de la Nou- » velle-Zélande avec celles de la Nouvelle-Hollande, des cô- » tes de l'Amérique méridionale, des îles de l'Océanie, et » notamment celles de l'île Juan Fernandez, recueillies » par M. Bertero, nous avons été frappés du nombre con- » sidérable d'espèces communes à ces deux pays...

» On voit, par les chiffres de ce tableau, que le nombre » des fougères est très grand dans la Nouvelle-Zélande, » puisqu'il forme à peu près le septième de la totalité des » végétaux de ce pays. Ce résultat vient appuyer l'opinion » émise par M. d'Urville, dans ses considérations sur les » îles de la mer du Sud, publiées au retour de l'expédi- » tion de la *Coquille*, que les fougères dominent d'une ma- » nière remarquable dans ces îles. Sous ce rapport, la » Nouvelle-Zélande présente un trait de ressemblance de » plus avec les différentes îles de l'Océan Pacifique. »

Si le sol des houillères n'est pas nécessairement le même que celui des îles intertropicales ; si la Nouvelle-Zélande,

(1) Botanique des découvertes de l'*Astrolabe*, par MM. Lesson et A. Richard. 1832. Introduction, p. 12 et 14.

qui existe à une latitude si élevée, contient tant de fougères; si ces fougères ressemblent à celles qui sont intertropicales; si, d'après les rapports qui m'ont été faits par les voyageurs qui ont visité cette contrée, les *polypodes* y sont gigantesques, et si, placé au milieu de cette végétation singulière, on se croirait au milieu des forêts primitives qui ont donné naissance aux houillères; s'il en est ainsi à notre époque, les causes reconnues jusqu'à ce jour sont insuffisantes pour rendre compte de la rotation des flores.

D'une autre part, quand on voit la nécessité d'alterner les espèces qui constituent nos forêts lorsqu'on les exploite, on est conduit à penser que tous ces phénomènes sont dus à une même cause.

Il faut donc reconnaître qu'*aux causes déjà signalées et qui n'ont pu avoir qu'une influence relative (l'abaissement de la température du sol et le changement de composition de l'atmosphère), il faut ajouter une modification survenue dans le sol par les courants interstitiels, et peut-être l'épuisement des roches dont les principes solubles enrichissaient les courants.*

On peut donc enfin conclure que, si la nature paraît avoir adopté un ordre déterminé pour la création des végétaux, cet ordre se rattache à des causes saisissables dont plusieurs sont connues aujourd'hui, et que, parmi ces causes, les courants interstitiels des liquides qui circulent dans le sol tiennent la première place.

FIN.

NOTES.

[a] P. 11. Le rapport exact est de 100 à 285.

Le bassin de la Seine, depuis l'origine de ce fleuve jusqu'à Paris, a une superficie de 4,327,000 hectares. Il y tombe annuellement une quantité d'eau pouvant être représentée par une nappe de 53 centimètres de hauteur.

Une quantité d'eau représentée par un prisme d'un mètre carré de base et de 53 centimètres de hauteur, pèse 530 kilogrammes.

Un hectare étant égal à 10,000 mètres carrés, la quantité d'eau qu'il reçoit annuellement, dans les environs de Paris, est donc 10,000 fois 530 kilogrammes ou 5,300,000 kilog., soit 5,300 tonneaux, kilolitres ou mètres cubes. Ce nombre, multiplié par celui des hectares représentant la surface du bassin de la Seine jusqu'à Paris, donne 22,933,100,000 tonneaux pour la quantité d'eau qui tombe annuellement sur la surface de ce bassin.

Ce sont les 100/285 ou environ 1/3 de cette quantité qui passent annuellement sous les ponts de Paris.

[b] P. 29. L'eau de la mer peut-elle alimenter certaines sources d'eaux minérales et les courants interstitiels du sol dans certaines localités?

Toutes les sources, toutes les rivières, tous les fleuves s'écoulant vers la mer ou vers quelques grands lacs, tels que les Caspiennes, les plus simples notions d'hydrostatique semblent démontrer que l'eau de la mer ne peut s'élever au dessus de son propre niveau pour alimenter des sources plus élevées que lui. La plupart de ces sources donnant de l'eau douce, il semble aussi que cette eau ne peut provenir que de la distillation qui s'opère continuellement et par laquelle l'eau des mers, réduite en vapeur, va se condenser sur les continents. Il faut encore ajouter à ces observations que les calculs de M. Arago, que j'ai si souvent invoqués, sont tout-à-fait en faveur de cette opinion.

Cependant, plusieurs causes réunies semblent démontrer aussi que l'eau de la mer peut servir à entretenir certaines sources d'eaux minérales, et qu'elle peut pénétrer dans le sol tout aussi

2° A ce que les plantes agrestes qui peuvent résister dans un tel sol ont des tissus très consistants, contiennent relativement moins de matière protéique que les autres plantes, et que leur destruction par la putréfaction est beaucoup plus difficile que celle d'une légumineuse fourragère, par exemple ;

3° A ce que le sable des landes étant très grossier condense mal l'oxygène ; d'où il résulte que la combustion de l'humus n'a pu être opérée qu'imparfaitement ;

4° A ce que les landes sont un terrain plat, fort éloigné des montagnes, et que jamais les courants capillaires ascensionnels n'ont pu y avoir une bien grande activité. Cette activité a dû être d'autant plus faible que le sable des landes étant très grossier, les espaces capillaires auxquels il donne naissance sont larges et par conséquent peu actifs pour opérer l'ascension des liquides.

Toutes ces causes réunies ont pu donner naissance à l'alios ; mais si l'on prend les landes de Bordeaux, telles qu'elles sont à notre époque, on peut dire que l'alios est la cause de leur stérilité actuelle.

[f] P. 43. L'absence des courants interstitiels dans le sol des déserts africains n'est pas la seule cause de leur stérilité. La présence du natron et du sel marin dans le sol, l'éloignement des montagnes, qui sont indispensables à l'existence des fleuves, autant par les eaux qu'elles leur fournissent que par la différence de niveau qu'elles établissent ; le peu d'eau qui tombe sous forme de pluie sont autant de causes qui se réunissent pour entretenir l'aridité de ces déserts.

[g] P. 73. Le bois donne les mêmes produits à la distillation ; seulement le produit aqueux qui en provient est fortement acide au lieu d'être alcalin et ammoniacal comme celui de la houille. Cette différence considérable, dont la valeur ne peut être contestée, peut être due à plusieurs causes : 1° à ce que les végétaux anciens étaient plus riches en matière protéique que les végétaux actuels ; 2° à ce que de nombreux animaux, mollusques et poissons, sont demeurés parmi les végétaux qui constituent la partie principale de la houille ; 3° enfin, à ce que la composition et la constitution de la houille diffèrent considérablement de celles du bois non altéré.

[h] P. 75. Les gymnospermes, que l'on réunit quelquefois aux plantes dicotylédonées, en diffèrent cependant sous plusieurs rapports. Les conifères sont souvent policotylédonées, et les cycadées, quoique possédant des organes sexuels apparents et un embryon dicotylédoné, ont été placées à la suite des fougères par M. Endlicher. D'autres les ont rapprochées des palmiers. M. Ad. Brongniart les joint aux conifères et en forme une classe sous le nom de *gymnospermes*.

[i] P. 76. Les végétaux ont enlevé à l'atmosphère de l'azote et du carbone; d'une autre part, l'acide carbonique, en perdant du carbone, a donné de l'oxygène qui s'est ajouté à celui déjà contenu dans l'atmosphère.

La quantité d'azote, quoique considérable, est cependant bien plus faible que celle du carbone.

Il résulte des observations de M. Chevandier, que l'azote des forêts actuelles n'est en moyenne et en poids que le soixantième de leur carbone.

Une analyse de houille faite par M. Ure, donne, pour le rapport du carbone à l'azote, les nombres 34 : 1.

Deux autres analyses entreprises par M. Cava donneraient beaucoup plus de carbone.

La quantité d'ammoniaque que l'on obtient dans la distillation de la houille ne peut servir pour connaître le rapport de l'azote au carbone de plantes dont elle provient, parce qu'il se peut qu'il y ait eu beaucoup de débris animaux enfouis avec elles.

Quoi qu'il en soit, on trouve que lorsqu'un kilogramme d'azote se fixait dans les plantes de cette époque, il s'en fixait en même temps plus de 30 de carbone, et que, pour chaque kilogramme de carbone qui se fixait, 2 kil. 66 d'oxygène étaient mis en liberté : soit 80 kil. pour 1 d'azote et 30 de carbone.

Il résulte de cette observation que, par l'existence des houillères, on peut savoir que l'air contient moins d'azote et de carbone, et plus d'oxygène qu'il n'en contenait avant l'apparition des végétaux à la surface du globe, si d'autres circonstances n'ont point modifié les rapports existants.

Par une supposition relative à la quantité de carbone qui existe à l'état fossile, soit sous forme d'anthracite, de houille, de lignite

ERRATA.

Page 31, ligne 26, au lieu de : 10,000, lire : 1,000.

Page 33, ligne 8, au lieu de : 1 *quinze centième*, lire : 1 *cent cinquantième*.

Page 45, ligne 24, au lieu de : *demeurerait*, lire : *demeurait*.

Page 64, ligne 28, supprimer : *que*.

www.ingramcontent.com/pod-product-compliance
Ingram Content Group UK Ltd.
Pitfield, Milton Keynes, MK11 3LW, UK
UKHW020942180726
13838UKWH00003B/1079